编委会

主　　任：王玉志　李　力
副 主 任：李兴军　姜文艺
编委成员：梁泽庆　唐建平　潘岚君　陈岩松　倪国圣　王访儒
　　　　　臧文浩　国　芳　潘丽珍　宁宝乾　张　磊　郭成宽
　　　　　张秀发　高　松　李晓宏

编写组

主　　编：唐建平
副 主 编：姚　丽　张　磊
编　　辑：田　颖　姜国栋　王　攀　乔大山　李　正　万　丽
　　　　　宋　赞　刘刚强　高明邹　苗　凯　杨清宇　李文娟
　　　　　张建辉　邓祥文　李　勇　韩　帅　张东升　崔积仁
　　　　　赵　猛　侯玉洁　蔡圆圆　刘　滨　孙丽萍　张维功
　　　　　陈彦伟　周　磊　陈　勇
摄　　影：张　磊　黄　鹏　袁宾久　王亮朝　张泉刚　于文涛
　　　　　王　岩　傅宝安　王恩远　王　滨

前言

　　山东是中华文明的重要发祥地，光辉灿烂的齐鲁文化孕育了众多历史优秀建筑，极大丰富了中国建筑的类型和内涵。这些建筑是历史记忆的符号和文化发展的链条，见证了齐鲁大地千百年来的沧桑变化，客观真实地反映了各个时代的思想、政治、经济、文化，是山东不可多得的历史财富。省委、省政府高度重视历史文化保护与传承，众多历史文化名城、街区和优秀建筑得到妥善保护。但随着全省城镇化的快速发展，老城区更新改造步伐加快，一些历史优秀建筑、传统街区面临日渐消亡的危机，迫切需要尽快做好普查遴选、登记建档和挂牌保护工作。

　　为进一步保护好历史优秀建筑，山东省住房和城乡建设厅会同有关单位在深入调查研究的基础上，精心组织编印了《山东省历史优秀建筑精粹》，收录了全省各地199处各具特色的历史建筑，年代跨越唐宋元明清、民国、新中国等不同历史时期，全面介绍了历史优秀建筑代表作品，涵盖了居住建筑、公共建筑、工业建筑和构筑物等多种类型，体现了山东历史优秀建筑"古今典范、技术引领、中西荟萃"的多元特征。书中既有展示齐鲁地域风情的古建筑，也有见证山东近现代史的近代建筑。其中齐长城被誉为中国"长城之父"；神通寺四门塔是我国现存最早的亭阁式石塔；曲阜孔庙及孔府、泰安岱庙为我国最大的古建筑群之一；牟氏庄园、魏氏庄园是山东民居建筑艺术中的精品；从蓬莱到青岛广阔的海岸线上密布着规模宏大的明清海防设施；烟台山近代建筑群、刘公岛甲午战争纪念地、青岛八大关近代建筑群等承载了山东近代时期的风云变幻与百年沧桑。这些历史优秀建筑，对传承和弘扬优秀传统文化、展示历史文化风貌、更好地延续历史文脉具有重要意义。

　　历史优秀建筑是重要的历史文化遗产，是不可再生的宝贵文化资源。习近平总书记指出：历史文化是城市的灵魂，要像爱惜自己的生命一样保护好城市历史文化遗产。全省各级各部门正不断加大资金投入，按照"科学规划、严格保护"的原则，进一步加强全省历史优秀建筑保护工作，传承弘扬具有齐鲁特色的建筑文化，保护好历史优秀建筑的传统格局和历史风貌，切实维护好历史文化遗产的真实性和完整性。希望借《山东省历史优秀建筑精粹》出版之机，进一步增强全社会保护建筑文化遗产的意识，吸引更多的部门、学者和群众关注、参与到历史优秀建筑的保护与传承中来，进一步挖掘提炼齐鲁文化资源，共铸山东建筑之魂，展现山东建筑之美，同创齐鲁文化高地，为弘扬和传承中华优秀传统文化做出新的贡献。

山东省历史优秀建筑精粹编委会

2018年4月

目录

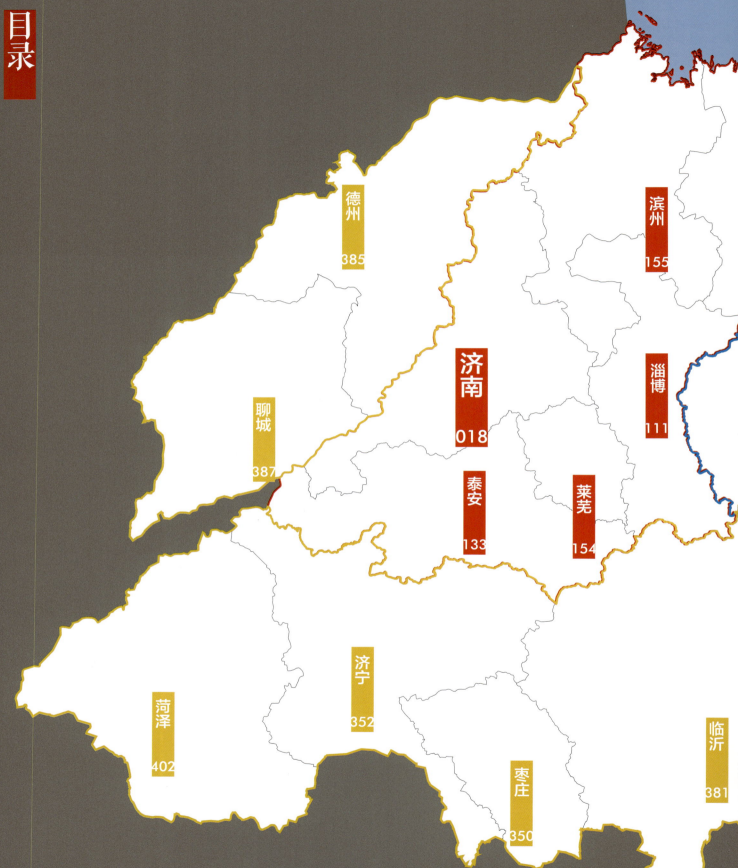

- 德州 385
- 滨州 155
- 聊城 387
- 济南 018
- 淄博 111
- 泰安 133
- 莱芜 154
- 菏泽 402
- 济宁 352
- 枣庄 350
- 临沂 381

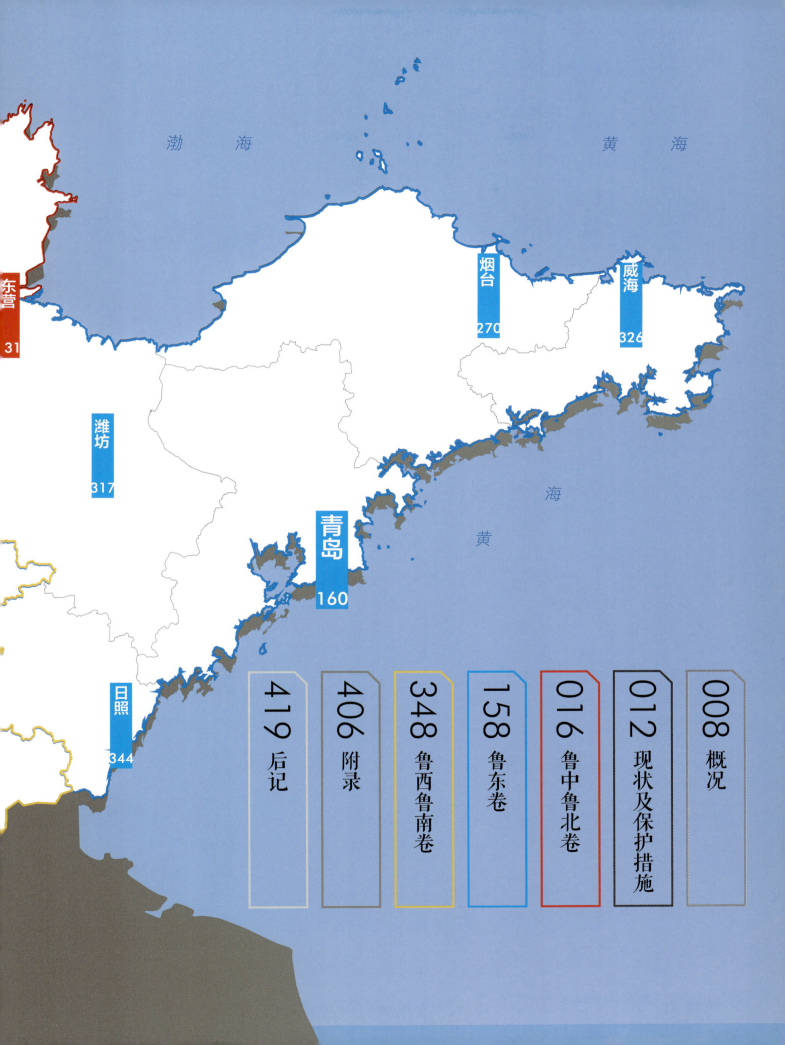

山东省历史优秀建筑概况

唐建平

一、山东省历史优秀建筑的基本情况

山东省历史优秀建筑是指山东省范围内，于1966年以前建造的，具有历史、艺术和科学价值的建筑物、构筑物和街区。

1999年3月，山东省政府办公厅下发了《山东省人民政府办公厅转发省建委关于做好全省优秀建筑保护工作的报告的通知》（鲁政办发[1999]22号），对历史优秀建筑的标准、分级、审定和保护管理等进行了规范。其中，关于历史优秀建筑的审定原则为：

第一，在中国城市建设史或建筑史上有一定地位，具有建筑史料价值的建筑物。

第二，在建筑类型、空间、形式上有特色，或具有较高建筑艺术价值的建筑物。

第三，在我国建筑科学技术发展史上有重要意义的建筑物、构筑物。

第四，反映山东各地城市传统风貌、地方特色的建筑物、构筑物和街区。

第五，反映一定时期内流行风格的建筑物。

第六，在国内外具有较大影响的著名建筑大师的代表作品，以及其他具有代表性、标志性的建筑物、构筑物和街区。

山东省历史优秀建筑根据其历史、艺术、科学的价值，分为两个保护级别：省级历史优秀建筑和市级历史优秀建筑。省级历史优秀建筑由设区市人民政府报省人民政府公布；市级历史优秀建筑由设区市人民政府公布，并报省人民政府备案。各级政府在公布历史优秀建筑名单的同时公布历史优秀建筑的保护范围和建设控制地带。

按照《通知》的规定，山东省政府于1999~2000年分二批对全省17个设区市的历史优秀建筑进行普查，并由省住建厅召开山东省历史优秀建筑鉴定会，对上报的历史优秀建筑进行专家审定，确认了省级历史优秀建筑372处，其中含建筑群26处，街区2处。在372处历史优秀建筑中，含各级文物保护单位280处。1999年前后是山东省城镇化快速发展和城市大规模开发建设的时期，省住建厅组织的山东省历史优秀建筑遴选确定工作，使得一大批在中国建筑史上有一定地位、具有较高艺术价值、在建筑科学技术发展史上具有重要意义的建筑得到了有效的保护。

二、山东省历史优秀建筑的特点

　　山东省位于黄河下游，东濒黄海、渤海，西接苏皖两省。境内地形复杂，西部、北部是黄河冲积平原区，中部、南部多为山地，半岛沿海属于丘陵地区。依据自然环境、行政区划结合各地风俗习惯、宗教信仰等因素，将山东省划分为鲁中鲁北区、鲁东区和鲁西鲁南区三个历史优秀建筑分布区域。鲁中鲁北区包括济南、淄博、泰安、莱芜、滨州、东营，该区的文化标志是泰山信仰和黄河文化，此外还有以淄博为中心的齐文化；鲁东区包括烟台、威海、青岛、日照、潍坊，该区的海洋文化、民俗文化深厚，近代中西文化融合性强；鲁西鲁南区包括德州、聊城、菏泽、济宁、枣庄、临沂，该区是儒家文化发源地，也是红色文化集中体现的革命老区，同时京杭运河流域的运河文化、水浒文化特色鲜明。山东各地都有独具特色的历史文化资源，历史建筑在平面布局、结构体系和外部特征上也都呈现着不同的风格特征。

　　由于山东中西部与东部沿海各地的发展历史不同，建筑风格也存在着较大的差异，因此山东省历史优秀建筑具有时间跨度长、类型多样、近代建筑占比多、分布不均衡等特点，这些特点共同构成了山东省多元化的建筑文化格局。

　　1．时间跨度长，类型多样

　　山东省历史优秀建筑收录的建筑从西周时期齐国故都临淄排水口到1985年济南解放阁，时间跨度两千多年。为了便于管理和研究，按建筑年代将山东历史优秀建筑分为古代历史优秀建筑（1860年第二次鸦片战争以前）、近代历史优秀建筑（1860～1949年）和现代历史优秀建筑（中华人民共和国成立以后）。

　　古代历史优秀建筑主要以中国传统建筑为主，收录125处，含9个典型类别：宫殿衙署、坛庙祠堂、陵墓、宗教建筑、城市公共建筑、苑囿园林、民居、桥梁、摩崖石刻。主要分布在济南、济宁、泰安、淄博等地。如建于隋代的四门塔、始建于春秋时期的孔府孔庙、汉代的岱庙、明代的王士禛故居等。

　　近代历史优秀建筑收录了225处。近代建筑的建设进程是从第二次鸦片战争开始，当时正处在传统建筑的转折期。一方面沿海地区受西方建筑文化的影响形成自己独特的建筑风格，另一方面内陆地区的传统建筑融合外来建筑文化发展演变。山东近代历史优秀建筑充分反映了中西方建筑文化的碰撞与交融，中国建筑师从这个时期开始探索科学化与民族化相结合的道路。收录的近代建筑按使用功能主要有十个类别：居住建筑、工业建筑、金融商贸建筑、办公建筑、医疗卫生建筑、文化教育建筑、宗教建筑、军事建筑、纪念建筑、交通建筑等。近代历史优秀建筑作为中国近代社会发展历史时期多元文化下的历史见证，具有重要的科技价值、历史价值和艺术价值。

　　现代历史优秀建筑收录了20处，主要位于济南和泰安。中华人民共和国成立以后山东深受民族复兴风格的影响，在追求民族风格和运用现代建筑技术上进行了有益的尝试，创作了山东剧院、山东师范大学、济南南郊宾馆、山东农业大学、虎山水库坝桥、淄博工人文化宫等具有鲜明时代特色的建筑。这些建筑不仅与北京十大建筑具有同样的历史背景，其民族形式探索的成功经验至今仍值得我们学习。

2．近代建筑比重大，东西部分布不均

在372处省级历史优秀建筑中，近代建筑占比60%，主要分布在胶东沿海城市和胶济、津浦铁路沿线城市，这些城市都为中国近代开埠城市。山东近代历史优秀建筑形成、发展、演变的历程浓缩了山东近代城市建设史。

近代山东历史上既有约开商埠，又有自开商埠。约开商埠是中国在西方列强武力威胁下沿海被迫开放的城市，如青岛、烟台、威海，这三市都是对外贸易的良港和军事要塞；自开商埠是清政府为发展民族经济沿胶济铁路开放的城市，如济南、周村、潍县。开埠城市的对外开放再加上各自的交通优势，使开埠城市的社会经济迅速发展，并带动建筑文化的发展。山东开埠口岸受到多元建筑文化的影响呈现不同的建筑风格，青岛以德式建筑风格为主，烟台和威海以英国建筑风格为主，济南、周村、潍县以中西合璧风格为主。

3．对传统民居关注少，相关研究仍需加强

山东传统民居不仅历史悠久、分布广泛，而且大量位于乡村的民居仍在使用。由于时代局限，纳入山东省第一、二批历史优秀建筑中的民居建筑以位于城镇中的名人故居为主，而大量散布在乡村中的具有山东特色的传统民居占比很少。今后山东历史优秀建筑还需要将遴选范围扩大到乡村，加强基础性的普查工作。

三、山东省历史优秀建筑普查建档的意义

历史优秀建筑是重要城乡文化遗产和历史传承的载体，是不可再生的宝贵文化资源。对第一、二批历史优秀建筑的认定使山东省保护历史建筑工作有了一个良好的开端，同时我们也认识到，加强历史建筑的保护和合理利用，有利于展示城乡历史风貌，留住城乡的建筑风格和文化特色，是践行新发展理念、树立文化自信的一项重要工作。为了保护、继承和发扬山东特色的传统建筑文化，彰显地域特色，全面开展全省范围的普查建档工作，建立历史建筑认定的长效机制。对于弘扬山东的传统文化，延续历史文脉，意义深远。

近年来由于对外学术交流日益密切，不少流失在海外的历史建筑的原始图档资料得以相继回归，这对历史优秀建筑的研究工作提供了直接的帮助。由青岛建筑档案馆提供的青岛总督署早期建筑史料，就为建筑历史的研究提供了大量的原始信息，相信随着同国外学术交流的不断深入会有更多的史料回归，济南、烟台、淄博、威海等地历史优秀建筑的研究线索会越来越清晰。

习近平总书记十分重视文化遗产的保护和传承，多次指出"历史文化是城市的灵魂，要像爱护自己的生命一样保护城市历史文化遗产"。山东正由一个文化大省向一个文化强省迈进，历史优秀建筑的普查、建档、保护和宣传都是山东多元文化的重要体现，而山东第一、二批历史优秀建筑精粹结集出版正是展现这种多元文化的重要一步。

山东省历史优秀建筑的保护现状及保护措施

姚 丽

一、山东省历史优秀建筑的保护现状

1. 历史优秀建筑的分类

山东省历史优秀建筑主要分为两类：文物建筑、历史建筑。

文物建筑：根据《中华人民共和国文物保护法》第二条、第三条，文物建筑是指历史、艺术及科学价值突出的各类建筑、构筑物及建筑组群；具有时代特征、地域特征、民族特征等方面和典型的其他建筑及建筑组群。包含不同级别的文物保护单位和尚未定级的国家指定保护的纪念建筑物、古建筑、石刻、近现代代表性建筑等不可移动文物。

历史建筑：指经城市、县人民政府确定公布的具有一定保护价值，能够反映历史风貌和地方特色，未公布为文物保护单位，也未登记为不可移动文物的建筑物、构筑物。

2. 历史优秀建筑的数量、年代及分布

山东省历史优秀建筑名录收录的372处历史优秀建筑，主要包括山东省人民政府于1999年公布的第一批历史优秀建筑和2003年公布的第二批历史优秀建筑，其中青岛市只录入了第一批公布的131处历史优秀建筑。在372处历史优秀建筑中，国家级文物保护单位有106处，省级文物保护单位有123处，市级文物保护单位有47处，县区级文物保护单位有5处，历史建筑有86处，历史街区有2处。鲁中鲁北区包括济南、淄博、泰安、莱芜、滨州、东营，历史优秀建筑数目为103处；鲁东区包括烟台、威海、青岛、日照、潍坊，历史优秀建筑数目为193处；鲁西鲁南区包括德州、聊城、菏泽、济宁、枣庄、临沂，历史优秀建筑数目为47处。

372处历史优秀建筑中，建造年代在唐及唐之前的22处，宋辽金元14处，明清（至1840年鸦片战争）89处，近代建筑（1840~1949年）225处，中华人民共和国成立之后20处。从山东历史优秀建筑的建造年代可以看出，近现代建筑在全省历史优秀建筑中所占比例最高，为66%，明清建筑占比为24%，明清之前的占比为10%。

各个年代历史优秀建筑的数量与分布是有地域性的。鲁东地区的历史优秀建筑以近代建筑为主，例如：青岛、烟台、威海三个近代通商口岸的历史优秀建筑为179处，而近代建筑就有172处，占全省历史优秀建筑近代建筑的比例为81%，其中青岛以德式建筑为主，烟台威海以英式建筑为主；鲁中鲁北区和鲁西鲁南区的历史优秀建筑以中国古建筑为主，该区域最具代表性的城市是省会济南，不仅是龙山文化的发祥地，也是中国近代开埠史上首批自开商埠的城市；因此济南的历史优秀建筑既是北方传统建筑的代表，也荟萃了大量德式建筑、宗教建筑，以及近代本土设计师设计的中西合璧的建筑，济南近现代建筑的数量与古建筑的数量大致相当。

二、山东省各地历史优秀建筑存在问题

山东省历史文化源远流长，与齐鲁文化相伴而生的山东历史优秀建筑不仅与自然相融，而且蕴含深厚的文化内涵。自20世纪90年代以来，随着经济快速发展，城市建设速度越来越快，拓展范围越来越广，由此对这些历史优秀建筑形成非常大的冲击，有的被拆除，有的遭破坏，造成难以弥补的损失。通过对372处历史优秀建筑进行调研，发现各地的现状情况有一定的共性，总结有以下四点：

1. 保护完好

保护完好的建筑大多是位于国家级的旅游景区或者是公益性博物馆、纪念馆的历史优秀建筑，基本上都为国家级和省级文保单位。这些历史优秀建筑由于有政策法规保护，同时有充足的维护资金，所以不仅保护完善，还为所在城市提升了知名度，是当地旅游产业的重要支撑。例如：曲阜市的孔府孔庙、邹城市的孟府孟庙、泰安市的岱庙、济南市的大明湖和趵突泉公园内的古建筑群、青岛市的八大关近代建筑群、烟台市的烟台山近代建筑群和滨州市的魏氏庄园等。

2. 保护尚好

保护尚好的历史优秀建筑所有权大多归国家所有，使用性质主要是教育医疗、行政办公以及金融商务。这些建筑由所属单位持续修缮，建筑外观和内部结构都保护较好，没有太多改变。例如：济南市的齐鲁大学建筑群、青岛市的胶澳高等法院旧址、普济医院旧址、淄博矿务局建筑群等。

3. 没有保护措施

没有保护措施的历史优秀建筑总体分三种情况。

第一种情况：建筑使用主体不清，保护修缮费用没有资金来源。比较突出的例子是散布在各地仍承担交通功能的明清古桥梁，如位于淄博市临淄区齐陵街道淄河店村的三孔桥，村民正常使用，但无维修资金，致使桥周围杂草丛生，桥下淤泥将桥孔堵塞大半。

第二种情况：承担居住或商业功能的近代建筑普遍有无序搭建、改建的现象。比如青岛的英国领事馆旧址，四层的建筑住进十几户人家，有的人家在门廊搭建厨房，直接将油烟排在公共走廊。类似情况不是个例，梁实秋故居、萧军萧红故居都存在这个问题。

第三种情况：公众保护意识淡薄。大多数历史优秀建筑空调室外机随意悬挂、墙体上随意打孔、连接管随意设置，严重影响了建筑的质量和外观；用作商业用途的沿街历史优秀建筑，门檐

墙体被罩上广告牌、玻璃幕墙，遮掩了原始风貌。例如济南原津浦铁路宾馆现为某私立医院，广告牌和空调室外机严重影响了德式建筑的外观。

4．拆毁改建

有两处认定为山东省历史优秀建筑的历史建筑已被拆毁改建。一处是位于青岛市北区台东六路小学内的蒙养学堂，由于校舍紧张，拆除原址重建；一处是位于青岛市湖南路与蒙阴路西南拐角的湖南路72号的新新公寓，建于1936年至1937年，2005年1月被拆除新建商业楼。

根据全省的历史优秀建筑的调研情况，各地规划部门、文物部门以及民间群众反映的意见，发现目前历史优秀建筑保护面临的最大问题有两个。

第一，缺乏宣传。各地众多优秀的历史建筑、历史街区处在"养在深闺人未识"的状态，缺少相应的保护措施，公众也缺少保护意识；应建立覆盖全省的历史建筑、历史街区的数据库和信息化平台，通过官方和民间等多种渠道让更多的人加入到历史文化保护中来。

第二，缺乏资金投入。突出体现在承担居住功能和商业功能的民居建筑，其中大多是私产或者是集体所有。仅靠政府部门资金投入修缮或者要求所有者按照保护条例进行修缮不现实，可以逐步探索通过公司化运营，吸引更多社会资金投入到历史优秀建筑保护和活化中来，以文化休闲、社区活动、民宿、参观等多种形式对公众开放，同时以社会组织的形式宣传和展示历史建筑的历史、艺术、科学价值。

三、山东省历史优秀建筑保护措施

1．普查建档

山东省公布的第一批和第二批历史优秀建筑以文物保护单位为主，占比76%，今后的保护建档工作除了各级文物保护单位外，更要关注非文保单位类的历史资源，包括优秀近现代建筑、民居建筑、工业遗产、传统街巷、古桥梁等不同类型。在深入贯彻2016年7月18日住房和城乡建设部办公厅关于印发《历史文化街区划定和历史建筑确定工作方案》通知精神的基础上，广泛发动公众参与，提供历史建筑、历史街区的线索资料，充分利用山东历史优秀建筑网站和信息化管理平台，摸清山东省历史建筑、历史街区资源"家底"，开展全省域的普查建库工作，建立健全山东省历史建筑、历史街区档案及信息管理系统，以确保全省历史建筑、历史街区资源的查询、申报和保护工作。

2．分级保护

山东省历史优秀建筑分两个保护层次。一是不可移动文物范畴，保护级别为全国重点文物保护单位、山东省级文物保护单位、市级文物保护单位和县区级文物保护单位，文保单位严格按照国家文物保护法的要求保护；二是历史建筑范畴，通过对全省范围普查的历史建筑线索进行认定，按省、市两级划定保护等级，并按照相关国家法规和地方条例，加强历史建筑的保护工作，结合历史文化名城保护规划、历史文化街区保护规划，划定历史建筑的保护范围和建设控制范围，提出明确的管治要求及具体的保护措施，并按程序进行审批、备案和公示。

历史建筑具体保护要求分四类：

（1）建筑的立面、结构体系、平面布局和有特色的内部装饰不得改变；

（2）建筑的立面、结构体系、基本平面布局和有特色的内部装饰不得改变，其他部分允许改变；

（3）建筑的主要立面以及体现历史建筑特色的部位不得改变，其他部分允许改变；

（4）建筑的主要立面不得改变，其他部分允许改变。

历史街区的建筑保护要根据单体建筑的具体情况，按照不同的保护要求进行保护性修缮维护。如：纪念展览等用途的公益性重点历史建筑严格按照一类保护要求，有商务办公居住等使用功能的历史建筑按照二类、三类保护要求，普通历史建筑可以按照四类保护要求。在历史街区的保护和开发中要坚持历史原真性、生活真实性和风貌完整性，不仅要保护单体建筑，还要保护整体风貌环境，通过分级分类的政策引导，使一些正在被现代生活所遗弃的历史建筑重获新生，重现新建筑难以产生的价值意义，从而振兴历史街区，带动城市发展。

3．标识利用

对372处山东省历史优秀建筑实现挂牌保护全覆盖。为单体建筑安装标识牌，对建筑群和历史街区建立标识系统，标明位置，并挖掘其历史文化内涵。在保护的前提下，活化利用众多的历史优秀建筑，使之发挥记忆传承、景观展现以及文化载体的资源效益。在条件允许的情况下，某些历史优秀建筑可以由原先的居住功能转变为经营功能，发展文化创意产业，将其开辟为地方文化研究所或者博物馆、展馆以及其他经营性场所，引入各方资金，促进文化旅游的发展。这样不仅能够充实政府财政收入、增加保护力度、提高当地居民收入，而且可以发挥历史优秀建筑的教育、美学等功能，实现其文化价值。

鲁中鲁北卷

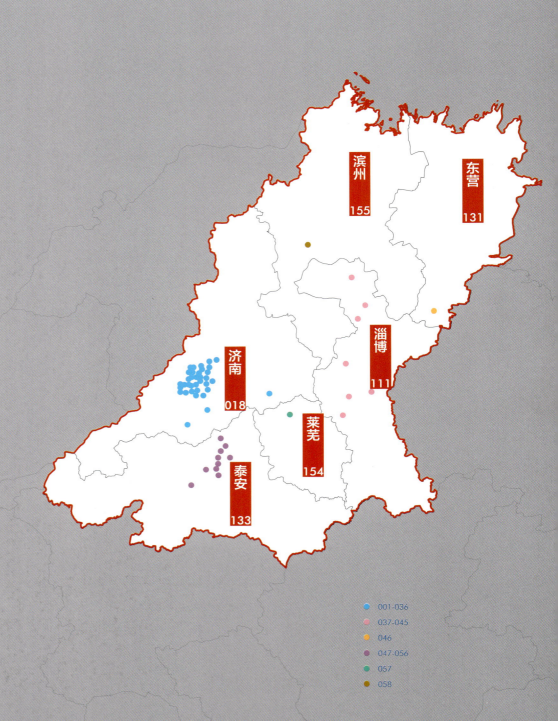

滨州 155
东营 131
济南 018
淄博 111
莱芜 154
泰安 133

- 001-036
- 037-045
- 046
- 047-056
- 057
- 058

济南篇

001 四门塔 / 018
002 灵岩寺 / 020
003 解放阁 / 022
004 府学文庙 / 026
005 洪家楼天主教堂 / 029
006 万竹园 / 035
007 卍字会旧址 / 038
008 齐长城 / 040
009 清巡抚院署大堂 / 043
010 大明湖公园内古建筑 / 045
011 趵突泉内古建筑 / 052
012 浙闽会馆 / 056

013 芙蓉街—百花洲 / 058
014 德国领事馆旧址 / 064
015 交通银行办公楼旧址 / 065
016 山师大教学楼建筑群 / 066
017 珍珠泉礼堂 / 071
018 山东剧院 / 072
019 题壁堂 / 075
020 津浦路泺口铁路大桥 / 076
021 交通银行济南分行旧址 / 078
022 德华银行办公楼旧址 / 079
023 山东邮务管理局旧址 / 081
024 瑞蚨祥鸿记 / 082

025 隆祥布店西记 / 083
026 黄台火车站 / 084
027 "奎虚书藏"楼 / 085
028 将军庙街天主教总堂 / 087
029 齐鲁大学建筑群旧址 / 090
030 齐鲁大学医学院建筑群旧址 / 096
031 基督楼自立会礼拜堂 / 102
032 同仁会医院门诊住院部旧址 / 104
033 胶济铁路济南站办公楼旧址 / 105
034 山东高等学堂教习住房旧址 / 108
035 津浦路铁路宾馆 / 109
036 山东红卍字会诊所旧址 / 110

淄博篇

037 蒲松龄故居 / 111
038 颜文姜祠 / 112
039 四世宫保砖坊 / 114
040 文昌阁 / 115
041 周村大街 / 116

042 工人文化宫 / 122
043 矿务局建筑群 / 123
044 华严寺 / 128
045 和尚房石楼 / 130

东营篇

046 广饶关帝庙大殿 / 131

泰安篇

047 岱庙 / 133
048 碧霞祠 / 138
049 盘路古建筑群 / 141
050 美以美会基督教堂 / 145
051 育英中学 / 145

052 泰安火车站小楼 / 147
053 山东农大1号教学楼 / 148
054 山东农大礼堂 / 149
055 萧大亨墓 / 150
056 黑龙潭水库大坝 / 153

莱芜篇

057 汪洋台 / 154

滨州篇

058 魏氏庄园 / 155

001 济南篇 四门塔

四门塔位于济南历城区柳埠镇东北方4公里处，是中国现存唯一的隋代石塔，建于隋大业七年（611年），距今已有1400多年。20世纪70年代修缮中发现舍利，比曾经轰动海内外的西安法门寺发现舍利早14年。属全国重点文物保护单位。

四门塔全以青石砌成，是中国现存最早、保存最完整的单层庭阁式石塔，由塔基、塔身、塔檐和宝顶组成。平面为正方形，塔通高15.04米，塔身高6.6米，每边宽7.4米，四面各开辟一个拱门，故而俗称"四门塔"。檐部挑出叠涩五层，塔顶用二十三行石板层层叠筑，成四角攒尖锥形塔顶。塔刹部分由露盘、山华、蕉叶、项轮宝珠构成。整个石塔形体简洁朴素、浑厚大方，是单层塔的优秀典型。

四门塔鸟瞰

 塔檐叠涩

 塔顶三角石梁

 宝顶

外景

002 济南篇 | 灵岩寺

灵岩寺，位于济南市长清区万德镇境内，地处泰山西北，现为世界自然与文化遗产泰山的重要组成部分。始建于东晋，于北魏孝明帝正兴元年开始重建，至唐代达到鼎盛，该寺历史悠久，佛教底蕴丰厚，自唐代起就与浙江国清寺、南京栖霞寺、湖北玉泉寺并称"海内四大名刹"。唐玄奘曾住在寺内翻译经文，唐高宗以来的历代皇帝到泰山封禅，也多到寺内参拜。属全国重点文物保护单位。

现存山门、大雄殿、千佛殿、御书阁、辟支塔和墓林塔等重要历史建筑。坐北面南，依山而建，沿山门内中轴线依次为天王殿、钟鼓楼、大雄宝殿、五花殿、千佛殿、般若殿、御书阁等。现存殿宇多为明清形制，但保留了不少宋代构件。另有各种碑刻题记，散存于山上窟龛和殿宇院壁，共计420余宗（件）。内有唐李邕撰书《灵岩寺碑颂并序》及浮雕造像、经文，北宋蔡卞《圆通经》碑及金、元、明、清各代的铭记题刻等。

灵岩寺远景

千佛殿

灵岩寺鸟瞰

辟支塔

003 济南篇 解放阁

解放阁始建于 1965 年,以纪念济南解放。阁址在济南古城墙东南角,也是 1948 年 9 月 24 日济南战役中华东野战军攻城突破口。1985 年台基上建阁,1986 年 9 月 24 日落成。属省级文物保护单位。

解放阁阁高 24.1 米,连台基通高 34.1 米,占地 1637.2 平方米,建筑面积 617.2 平方米。采用中国古典建筑形式,金黄琉璃瓦,外用花岗石贴面。阁分两层,四面方形。下层四周环廊,廊与阁由抱厦连接;廊阁绘有山水、花卉、鱼虫、飞禽、走兽等小品;廊外为平台,台周饰石栏。上层攒尖宝顶,翘角重檐,斗栱承托,吻兽飞动,风铃扬韵。整个建筑巍峨壮观,金碧辉煌,是济南标志性建筑之一。

解放阁外景

外景

回廊

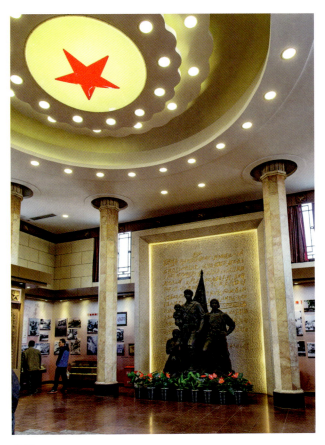
大厅

解放阁鸟瞰

府学文庙
004 济南篇

府学文庙坐落于历下区明湖路214号，北临大明湖。始建于北宋熙宁年间（1068～1077年），元末倾塌，明洪武二年（1369年）重建。2005年启动千年大修工程，基本恢复原有建筑规模。属省级文物保护单位。

府学文庙坐北朝南，布局严谨，规模宏大，中轴线上有牌坊、影壁、棂星门、泮池、尊经阁、明伦堂、大成殿，两侧有乡贤祠、节孝祠、名臣祠、崇圣祠等。其中主体建筑大成殿，为明代遗物，面阔九间，通面阔34.50米，进深四间，通进深13.88米，通高13.86米，单檐黄琉璃瓦庑殿顶式，房架为抬梁式结构，五架梁，保留了宋代建筑的某些特点，梁檩绘彩画具有明代遗风，是山东省仅有的一座单檐庑殿顶式大型古建筑物。

大成殿

府学文庙平面位置图

文庙南门

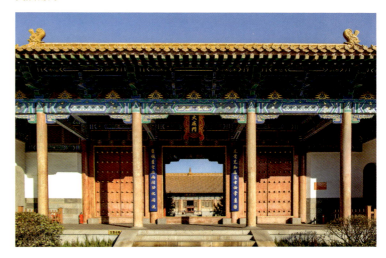

大成门

棂星门

泮池及大城门

尊经阁

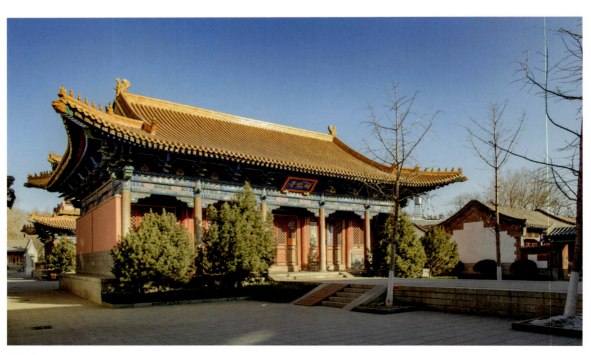

明伦堂

005 济南篇 洪家楼天主教堂

教堂位于历城区洪家楼北路 1 号。利用《辛丑条约》庚子赔款所建，1905 年开工，1908 年建成，由奥地利庞会襄修士设计，建造者为石匠卢立成，建成时是济南市也是华北地区规模最大的天主教堂，是济南的标志性建筑物之一，属全国重点文物保护单位。

教堂为双塔哥特式建筑，平面为拉丁十字形。教堂坐东面西，前窄后宽，可容纳千人做弥撒，圣坛设于东端。主立面结构严谨，上端两个高耸的钟楼尖塔夹着中厅高大的山墙，下面由横向券廊水平联系；3 个门洞，中高侧低，券门上逐层叠落着半环形磴券，其上花砖都是单独泥塑雕刻烧制而成；正门上面有一个大圆玫瑰窗，雕刻精巧华丽。教堂后端也矗立着两个尖塔，前后四塔相互对应。尖塔上和东西两侧壁及墙垣上置有众多直刺青天的小石尖塔，使整个建筑充满着向上升腾的动势。教堂外墙的券拱、飞扶壁全部是雕刻镂花的青石到顶，扶壁之间的墙体是石基础、灰色清水砖墙、当地小青瓦覆顶，色彩深沉。

教堂鸟瞰

北立面外观

山东省历史优秀建筑精粹 /

西立面外观

教堂东立面夜景

内庭

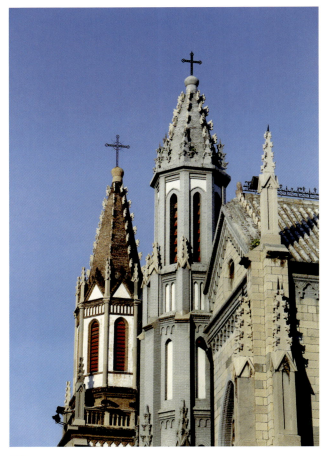
钟楼

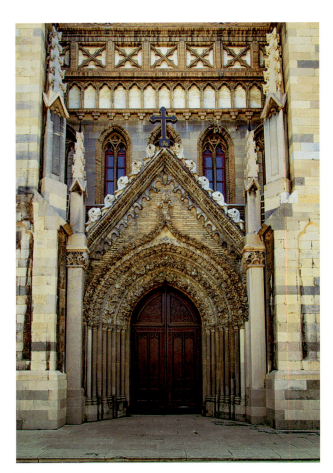
券门

南立面外观

柱头

石龙头

万竹园

<small>006 济南篇</small>

万竹园位于趵突泉南路 1 号趵突泉公园内。始建于元代，因园中多竹而得名。现该园建筑为 1917～1922 年北洋军阀张怀芝所修私宅，俗称"张公馆"。1980 年济南市政府将其划归趵突泉公园，属省级文物保护单位。

万竹园是一座兼有南方庭院与北京王府、济南四合院风格的古式庭院。有 3 套院落，13 进庭院，186 间房屋。园内曲廊环绕，院院相连，结构紧凑，布局讲究。每座院子的树种集中，形成标志性植物景观。此园的最高建筑是两座二层的楼阁，前为张怀芝的正房，后为其女的绣楼。所有建筑由水磨清水砖垒砌，用材精细到位，几何尺寸严格，对缝一丝不苟。石栏、门墩、门楣、墙面等处，分别饰以万竹园"三绝"，即石雕、木雕、砖雕，雕刻生动逼真，为他处所少见。

柱头石雕

门墩石雕

大门

海棠院

李苦禅纪念馆

影壁砖雕

门楣木雕

门墩石雕

石桥

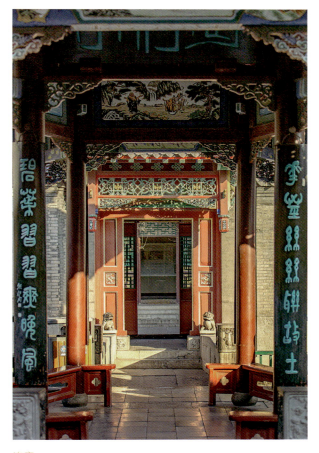
连廊

卍字会旧址

卍字会旧址也叫"世界红卍字会济南母院"或"道院",位于市中区上新街51号,建于1934~1942年。由梁思成的门生萧怡九及朱兆雪、于皋民等人设计,著名的古建商号北京恒茂兴、广和兴营造厂承建。这组仿北京王府的宫殿式建筑群首创用钢筋混凝土结构完全模仿宫殿大木作结构的实例,是民族建筑风格与近现代工艺高度结合的典范。南北轴线长215米,东西宽65米。院落四进,坐北朝南,构成富有节奏及韵律的组群序列。正门正对为影壁,上有花卉彩釉陶瓷浮雕,向北跨过三间山门,二进院子上房是卷棚式前厅,与东西两厢回廊相连。三进院子的正殿为单檐庑殿顶,殿前有巨型月台,其上由卷棚抱厦笼罩。四进院的制高点是辰光阁,三檐三层,也是当时城关内的最高建筑。现为山东省文物考古研究所的办公地,属全国重点文物保护单位。

辰光阁

正殿

前厅

东大门

影壁细节一

影壁细节二

天花

008 济南篇　齐长城

　　齐长城始建于公元前404年以前，完成于齐宣王时期（公元前319～前301年），为齐国抵御鲁楚等国侵略而修建，距今已有约2500年历史。西起济南市长清区孝里镇广里村，东到青岛黄岛区于家河庄入海，蜿蜒纵横618公里，是中国历史上最早的长城。齐长城以章丘文祖镇南锦阳关西的一段最为完整，是清代同治年间为防捻军，在原城墙址上用石块建起的城墙，墙上有垛口，石头经过加工，咬扣紧密，异常牢固。齐长城是中国古代一项巨大的军事防御工程，对于研究中国古代历史和军事具有很高的价值。属全国重点文物保护单位。

齐长城远眺

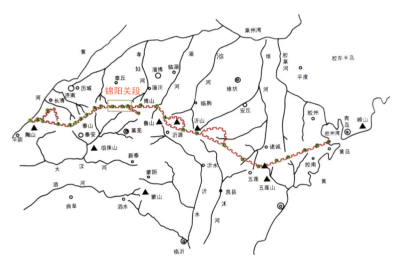

齐长城位置图

锦阳关

石砌垛口

齐长城局部

齐长城鸟瞰

009 济南篇 清巡抚院署大堂

位于历下区院前街1号珍珠泉院内,曾为金元时期的知府府邸和明时期的德王府,清康熙五年(1666年)重建,以后为清山东巡抚及民国山东军政首脑施政审案的场所。1979年底,山东省人大常委会设立于此,属省级文物保护单位。

巡抚院署大堂,名承运殿,是用拆青州明衡王府大殿的木材所建,因此巡抚衙门建筑的形制保持明式风格。面阔五间,进深四间,前为卷棚顶,后为悬山顶,六根大红柱支撑着柱头和补间斗栱。红柱之间,为落地槅扇。檐角脊端,皆饰吻兽。堂前月台广阔,松柏郁森,整个建筑气势宏伟。

清巡抚院署大堂

清巡抚院署大堂西立面外景

清巡抚院署大堂北立面外景

大明湖公园内古建筑

历下亭

又名古历亭。位于济南市大明湖公园湖心岛。始建于北魏年间，至清初康熙三十二年（1693年），山东盐运使李光祖在湖中岛上现址重建。亭所在小岛面积仅为4160平方米，人们习惯将整个小岛及岛上建筑统称为历下亭。亭在岛中央，八柱矗立，斗栱承托，八角重檐，檐角飞翘，攒尖宝顶，亭脊饰有吻兽，亭下四周有木制座栏，亭内有石雕莲花桌凳，以供游人休憩。层檐下，悬挂清乾隆皇帝御书匾额"历下亭"红底金字。杜甫的名句"海右此亭古，济南名士多"，被清代诗人何绍基书写楹联镂刻于历下亭大门楹柱之上。

历下亭一

历下亭二

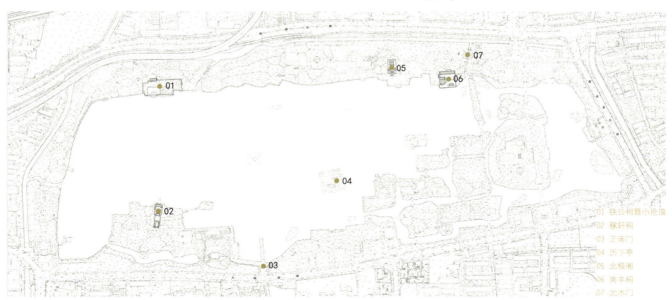
大明湖公园内古建筑平面图

正南门

　　正南门在大明湖南岸中部，是一座金碧辉煌的传统形式牌坊。1952年由济南府学（文庙）迁来。牌坊原是明代建筑，为木结构五间七彩重昂单檐式，飞檐起脊，坊脊及檐角饰有吻兽，坊顶覆以黄色琉璃瓦，檐下由云头斗栱承托。牌坊正中匾额，书"大明湖"三个镏金大字。6根朱红立柱和12根斜柱，支撑着三阶式山形坊顶，柱础由石鼓夹抱。

　　1984年，因木牌坊腐朽变形，按原样重建。重建的牌坊为钢筋混凝土结构，高8.38米，宽14.7米，比原牌坊增高0.52米，加宽1.2米，柱础石鼓也改用玉白色花岗石雕成。牌坊两侧，是对称的门房，为典型的仿明代建筑，歇山卷棚，透窗红柱，绿色琉璃筒瓦覆顶。

正南门

北极阁

位于大明湖北岸，又名真武庙、北极庙，属道教庙宇。始建于元代，明永乐年间（1403～1424年）重修。建于38级台阶的高台之上，坐北朝南。由前后两殿、钟鼓二楼、东西配房组成。前殿为正殿，供奉北方水神真武帝君。后殿名启圣殿，供奉着真武父母的塑像。殿前设东、西小厅，可供游人休息。

北水门暨汇波楼

北水门在大明湖公园东北隅，宋熙宁五年（1072年）曾巩在齐州任知州时所建。既可设闸泄水、防水，又可通舟楫。因众泉汇流，从北水门泄出，故亦名汇波门。门上可行人行车，所以也叫汇波桥。明洪武四年（1371年）修建新城墙时，在北水门上建了汇波楼，面阔七间，二层，翼角悬山，为古时济南八景之一"汇波晚照"。新中国成立前夕，汇波楼毁于战火。1982年又依原貌重建，为重檐两层城楼式建筑。

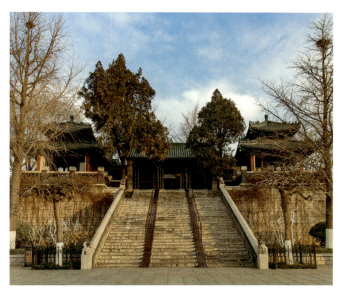
北极阁

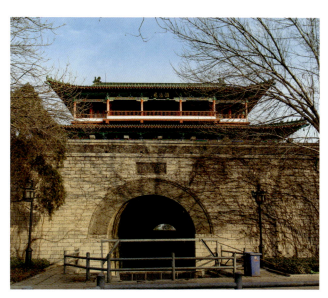
北水门

汇波楼

南丰祠

原名曾公祠,在大明湖东北岸,为纪念北宋文学家曾巩而建。该祠始建年代无考,清道光九年(1829年)历城知县汤世培重建,仅有大厅三间;解放初期,与晏公台、张公祠划为一体,改称南丰祠。

今祠为清静幽雅的古典式庭园,总占地面积2535平方米,由大殿、戏厅、水榭、游廊等建筑构成。北边为大殿,南出厦,半壁花隔扇。大殿南面西侧戏楼高耸,楼内四周二层,南为戏台。与殿堂相对,靠近湖岸有水榭三间,名"雨荷厅",四周环廊,东、西、北三面环水,内植荷莲。殿堂东侧为明末始建的晏公台,上有"明昌钟亭"。

雨荷厅

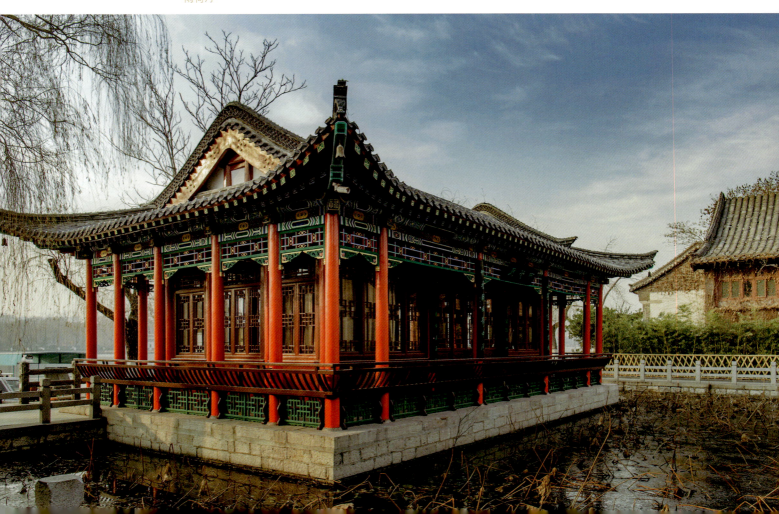

稼轩祠

位于大明湖南岸遐园西侧，始建于清光绪三十年（1904年），原为纪念李鸿章而建的李公祠，民国初年改作他用，1961年改建为稼轩祠。

该祠占地1400平方米，为古代官署建筑。坐北朝南，三进院落。大门悬匾额"辛弃疾纪念祠"，为陈毅题书。门南为照壁，门内太湖石矗立作障景。左右厢房各三间，北侧为过厅，面阔三间。二进院落两侧是抄手半壁游廊，北为正厅三间，卷棚顶式，门楣额枋皆饰彩绘。第三进院落湖滨，是游览休息的风景建筑。

稼轩祠

铁公祠暨小沧浪

位于大明湖公园北岸，始建于清乾隆五十七年（1792年），是一处为纪念忠义不屈的明代兵部尚书铁铉而建的祠堂。铁公祠是一座具有民族风格的庭院，由曲廊、三间祠堂和一座"湖山一览楼"组成，园内楼台亭榭沿湖长廊错落有致。东大门为锁壳式门楼，朱红大门，迎门有太湖石，大门以北，是半壁曲廊。铁公祠居西，三开间，坐北朝南，前檐出厦，歇山起脊，红柱青瓦，显得古朴而肃穆。庭院是具有江南风格的小园林——小沧浪，由八角重檐的小沧浪亭、曲廊、荷池等组成，具有江南风韵。山东巡抚、书法家铁保手书的"四面荷花三面柳，一城山色半城湖"镌刻于亭西月亮门两侧。

月亮门

小沧浪曲廊

趵突泉内古建筑

011 济南篇

吕祖庙三大殿

始建年代不详，最早称娥英庙，宋代就在此建堂，北曰历山（中殿），南曰泺源（前殿）。后改二堂为"吕公祠"，奉祀唐代道人吕洞宾。新中国成立后，为纪念北宋文学家曾巩，庙之主殿恢复"泺源堂"旧称。

庙坐北面南，起于趵突泉池北岸，由同一轴线上的两座楼阁和一座后殿组成，合称三大殿，占地约 1000 平方米。泺源堂居前，面对泉池，临岸直起，高二层，面阔三间，进深两间。门上匾额隶书"泺源堂"，单檐歇山，顶覆黄瓦。中殿三楹两层，斗栱错落，现为"娥英祠"，祀娥皇、女英。后殿硬山出厦，古朴无华，为"三圣殿"，祀尧舜禹。

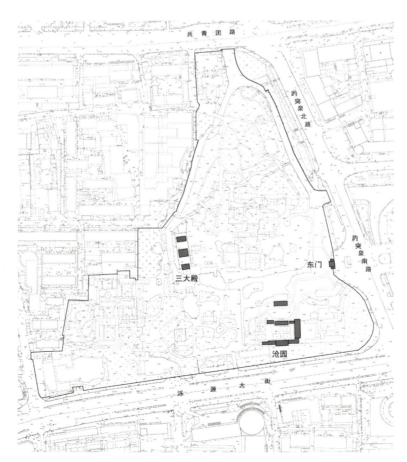

趵突泉内古建筑平面图

吕祖庙

吕祖阁历史照片

趵突泉

娥英祠

三圣殿

东门

是一组体量小巧的古典园林建筑。大门三间灰瓦卷棚顶，对景是叠砌的假山，两侧各有一耳房为售票处，灰色清水砖墙，屋檐比大门的略矮，形成一主两从的立面布局。

东门

沧园

沧园，取沧海一勺之意。位于趵突泉公园的东南隅，是一处园中之园，其地在明、清两朝为白雪书院的故址，清末以后改为学校，是山东高等教育的先兆之地。趵突泉公园扩建时，划入公园，1964年改建，1987年，辟为当代著名花鸟画家王雪涛先生的纪念馆。

沧园为传统庭院式建筑，由三厅二院和围廊组成。大门西开，门内庭院的南北厅堂外出廊、厦，都是五开间的平房，青砖黑瓦白粉墙，庭院围以回廊相连，大部分是近代所建，颇具济南民居的朴素风韵。

沧园

浙闽会馆

浙闽会馆位于济南市黑虎泉西路23号，始建于清同治十三年（1874年），是迄今济南唯一保存的会馆建筑，属省级文物保护单位。

建筑为井庭式木结构。现存建筑有大门、大厅、过堂天井、戏楼和两廊看台等。大门为卷棚顶，小瓦硬山墙，三开间，前有廊柱。进门为三柱间大厅，硬山两面坡屋顶，厅四周皆为木槅扇，与北面戏楼相通的槅扇可开可闭，满足众人聚餐或看戏的多种功能需求。戏楼为卷棚式，五架梁，六柱进深，上方有透雕彩绘，二楼上有东西回廊，两侧有楼梯和东西厢房。戏台宽6米，深约4米，共有圆柱50根，柱间有木槅，柱上有精细的五彩雀替透雕。

入口

内厅一

内厅二

013 济南篇 芙蓉街—百花洲

芙蓉街—百花洲位于济南老城区中心，南至泉城路珍珠泉北墙，北临大明湖路，东至县西巷、珍池街、西更道街、院前街一线，西临贡院墙根街，总用地面积25.7公顷。该街区是济南从商周到西晋时期（公元前1122年~公元313年）最早发展起来的城市主要部分，自晋以后到清开埠，这里一直是济南乃至山东地区的政治、文化和商业中心，属省级历史文化街区。

该街区是古城的核心商业区，名泉水体集中分布，具有深厚的历史人文积淀。街区内的芙蓉街是济南唯一一条明末清初时期形成的古商业街，因街中的芙蓉泉而得名；曲水亭街北靠大明湖、南接西更道、东望德王府北门，西邻济南文庙，现在仍完整地保留着"家家泉水，户户垂杨"的泉城风貌。街区内建筑群规模宏大、布局严整、内涵丰富，集中体现了济南历史上成熟的城市建设思想、街坊布局特色、建筑构筑手法、雕饰文化艺术等。除明清时期的传统四合院之外，街区内也有西洋式建筑以及中西合璧的建筑形式，这在非租界的中国近代城市中是非常少见的，深刻地反映了济南古城从清末到民初的时代变迁。

芙蓉街入口

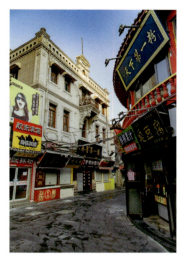
芙蓉街街景一

芙蓉街街景二

芙蓉街街景三

百花洲

拐角街景

路大荒故居

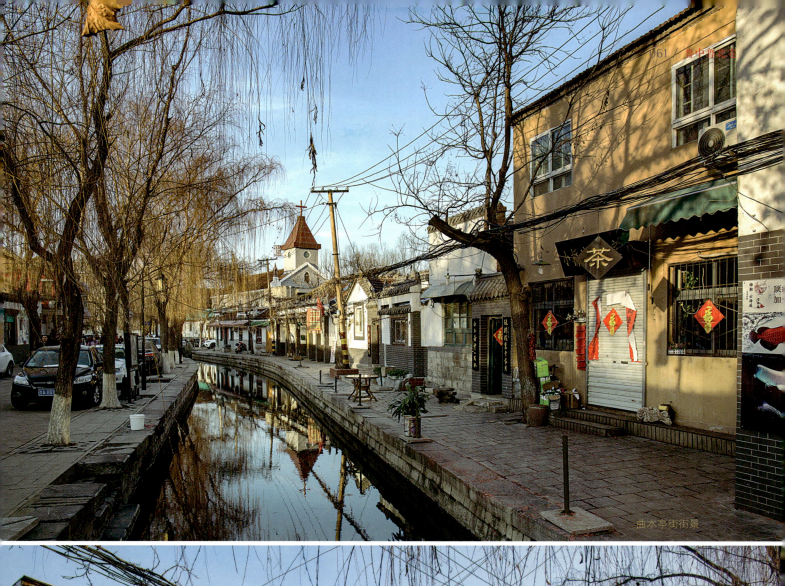

曲水亭街街景

曲水亭街街景

西更道街景

王府池子

起凤桥民居

德国领事馆旧址

入口外观

位于济南市经二路193号,始建于1901年,由德国建筑师保尔·弗里德里希·里希特设计,曾为国民党第二绥靖区司令部,现为济南市人民政府的办公用房,属全国重点文物保护单位。

原领事馆占地20余亩,包括东部的办公室兼职员宿舍和西部的领事办公室与府邸两部分,两楼之间为花园。其中西楼即为原贝斯别墅,两层,带阁楼和地下室,红瓦覆顶,砖木石结构。四个立面均有不同,西立面八角形塔楼上的蒜头形尖顶、小巧的廊柱门斗和外露的木架构外墙具有德国乡村别墅生动活泼的风格。东楼亦为两层,原呈前后两楼以连廊相接的"凹"字形布局,今仅存前楼,立面采用三段式,屋面为覆红瓦双坡顶。

主立面外观

交通银行办公楼旧址

015 济南篇

位于济南市经四路158号，建于1954年，由山东省建设局设计室设计，山东省建设局第五建筑工程处负责施工，现在为省贸促会的办公楼。

建筑为砖混结构。立面中轴对称，由须弥座与建筑首层、中间两层、四层，以及歇山大屋顶形成三段式构图；建筑平面呈"凹"字形，两端向前凸出形成翼楼，主楼坡屋面采用普通的灰色板瓦，正脊两端以回纹水泥构件取代了传统的吻兽，取消传统仙人走兽的装饰，建筑檐口部位处理得纯熟洗练，饰以斗栱、麻叶头和菊花头等典型的传统建筑构件。整体建筑比例和谐，色调朴素典雅。

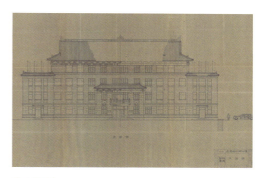

正立面图

北立面外观

016 济南篇 山师大教学楼建筑群

位于历下区文化东路88号山东师范大学内。现校院内保存有文化楼、教学一楼、教学二楼、大礼堂、学生公寓2号楼和3号楼，以及东方红广场、毛泽东主席塑像。该建筑群是济南市现存最好的近现代建筑群之一，设计精巧、气势恢宏，具有20世纪50年代典型的公共教育设施风格，属市级文物保护单位。

文化楼（原图书办公楼）与教学一楼（原生化楼）、教学二楼（原数理楼）呈"品"字形排列，文化楼位于南端，教学一楼和二楼分列东西两侧，同为1955年5月竣工。文化楼坐南朝北，平面呈T形，砖石结构，须弥座式墙基，建筑中部为四层歇山式，东西两侧为三层歇山式，南面平行位置为三层歇山式，之间以三层双坡顶的建筑相连。教学一楼、二楼平面呈东西向的"工"字形，两座建筑同为三层，十字歇山式屋面。

教学二楼鸟瞰

平面位置图

教学一楼外景

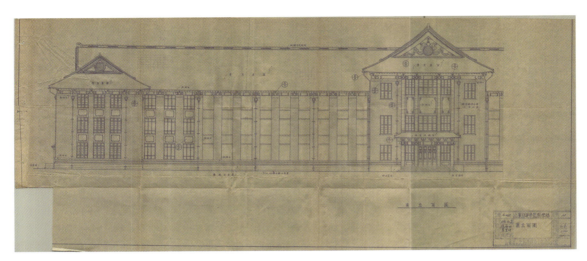

文化楼南立面图

文化楼外景

文化楼鸟瞰

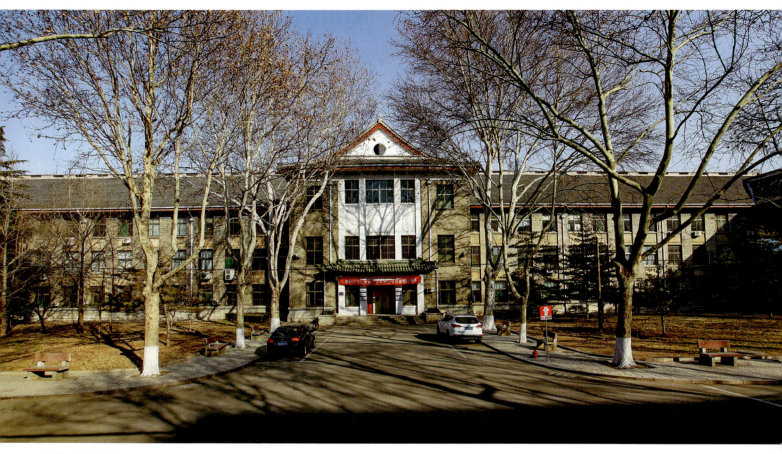

教学一楼北立面

文化楼南立面外观

珍珠泉礼堂

_{017 济南篇}

珍珠泉礼堂位于济南市历下区泉城路院前街1号省人大院内，始建于1953年，是新中国成立以来山东省重大政治集会的主要场所，也是人民代表大会举行会议、代表人民行使地方国家权力的地方。

建筑为砖石木结构。地上二层，局部三层，高度约15米。建筑面积2800平方米，占地面积约3000平方米。建筑平面呈"L"形，由人民会堂和会议厅两部分组成。外表皆为浅黄色花岗石，上有回纹雕饰的屋檐，下有花岗石基座。正立面东向，人民会堂两翼略低，中部稍高，主入口为4根通高两层的棕色大理石圆柱，会议厅正门由6根棕色大理石门柱挑起中式门廊，上覆绿色琉璃檐瓦。珍珠泉礼堂建筑风格庄严典雅，富有民族特色。

会堂入口

外景

018 济南篇 山东剧院

位于济南市市中区文化西路 117 号，建于 1953～1955 年，由山东省建筑设计院倪承本设计，山东省建筑公司施工。它是济南市 20 世纪 50 年代最大的文化娱乐建筑物，至今仍是全市重要的文化演出场所。

山东剧院是一座仿古建筑，坐北朝南，占地 16.5 亩。主入口是 4 根朱红色的门柱擎起高大的屋顶。建筑正立面分为三段，中间部分突出，三层，屋顶为传统的歇山顶，上覆绿瓦，檐下斗栱额枋为传统彩绘纹样，屋脊列仙人走兽，东西两段为两层庑殿顶，墙面为清水砖墙，底层采用须弥座。门窗装修均采用仿古形式，清雅端庄。

主立面外观

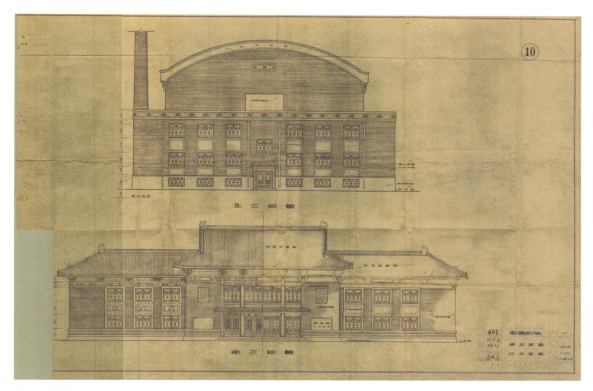

南、北立面图

历史照片

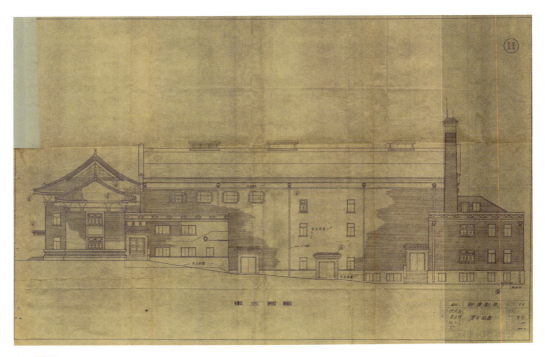

东立面图

外景

题壁堂

题壁堂位于济南历下区寿康楼街2号升阳观内,传说因升阳观住持梦见吕洞宾化身题诗于壁而取名题壁堂。初建于清代康熙十八年(1679年),清嘉庆八年(1803年)、清光绪三十一年(1905年)对题壁堂进行扩建,由正堂、戏楼、三星楼、大罩棚及附属建筑组成,总建筑群占地3750平方米,属省级文物保护单位。

题壁堂是一个由戏楼、东西厢房和正堂所围成的四合院。主体建筑戏楼为砖木结构,双坡屋面,屋顶与檐部上翘。木制梁架、立柱及门窗均为朱红色。戏楼深约30米,宽约25米,面阔五间,高架两层;内部为井庭式结构,由24根粗大红柱支撑;二楼回廊栏板上浮雕有缠枝牡丹、多子石榴等吉祥图案,梁架间均为精致的镂雕纹饰。

戏楼外观

题壁堂及升阳观历史照片

内景

020 济南篇 津浦路泺口铁路大桥

铁路大桥位于济南市天桥区泺口,建于1909～1912年,此桥由清廷向德国贷款修建,由德国奥格斯堡纽伦堡孟－阿·恩桥梁公司、M·古斯塔夫堡工厂设计和施工。该桥历经数次战争毁坏以及不同时期的大修改造,目前仍在正常使用,属全国重点文物保护单位。

全桥12孔,北端8孔和南端1孔为泄洪桥,跨度均为91.5米,中部3孔为河水桥,为跨度128.1米、164.7米、128.1米的三联悬臂梁,全长1255.2米。其中跨度最大的一孔桥是当时全国孔径最大的铁路桥梁,也成为我国建造最早、20世纪50年代前亚洲跨度最大的钢梁铁路大桥,有"亚洲第一大桥"之美誉。因此桥是津浦铁路的咽喉要道,济南遂成为北上京、津,南下沪、宁,东连胶澳(青岛)的交通枢纽。

铁路大桥远景

077 / 鲁中鲁北卷

历史照片

桥底桁架

交通银行济南分行旧址

021 济南篇

位于济南市市中区经二路纬一路147号，建于1925年，由中国建筑师庄俊设计。现为山东银监局办公地，属全国重点文物保护单位。

该建筑为钢筋混凝土结构，地上主体三层，局部四层，附设地下室。石墙基，清水红砖墙体。其主入口位于北侧，北立面采用"山"形对称处理，中高侧低，中部采用巨柱式，有6根爱奥尼克立柱直抵三层。其内部空间高大宽敞，底层中央为营业大厅，二、三层绕以环廊。三间金库设于地下室，其内墙和地面均为加厚现浇钢筋混凝土结构，建造十分坚固，且有严密的进库程序。

外檐柱头

主立面外观

德华银行办公楼旧址

[022 济南篇]

位于济南市市中区经二路191号,经二路纬二路交叉口东北侧,建于1901年前后。最初为济南胶济铁路德国工程师的住宅,1906年成为德华银行济南分行,现在是济南市人民银行办公楼,属全国重点文物保护单位。

建筑为砖石木结构,是一座双坡红瓦的二层德式别墅,有阁楼和地下室。建筑的廊柱、拱券、墙基、屋檐、装饰线皆用花岗石砌成,以浅褐色花岗石作隅石和勒角,外墙为砖墙砌筑贴米色面砖。平面为不对称布局,建筑的西南角设三层八边形塔楼。主入口南向,立面为双层拱券形制,底层为全石砌筑,经过八级台阶和外廊进入一层的营业大厅。主入口上面两个山墙间的老虎窗变形为八角形望楼,与主屋面顶部的小望楼以及西南隅塔楼的八角形盔顶,皆为双折式尖顶。沿街的南立面山墙和西立面的高低山墙都为波浪形,形成丰富的立面形象。

历史照片

主立面外观

外景一

外景二

小望楼

山东邮务管理局旧址

023 济南篇

位于济南市经二路158号,建于1918~1919年。设计者为天津外国建筑事务所建筑师查理与康文赛,建造者为天津洋商,是济南邮政自建的第一座邮政大楼。现为济南市邮政局办公楼兼营业厅,属全国重点文物保护单位。

该建筑平面为"山"字形,红色清水砖墙,转角、窗框、线脚以石料装饰。建筑北立面采用对称手法,法国古典主义五段式处理,精致华丽。正中为设在高大石基上的大门廊,左右各立有爱奥尼石柱,两翼则为精致的小门廊。大厦顶部为四柱望楼,上覆四坡红色盔顶,中间缀以绿色带形琉璃花饰,通高30米。这座建筑原为3层,1922年屋顶毁于火灾;1923年重修,将原有孟莎式坡屋面改为二层平屋面,并首次采用钢筋混凝土结构。

邮务管理局外景

024 济南篇 瑞蚨祥鸿记

瑞蚨祥布店位于市中区大观园街道办事处经二路211、213号，为中国近代史上南北闻名的章丘旧军镇孟家所用商号，建于1923年，是济南现存唯一一处"瑞蚨祥"字号的门店，属省级文物保护单位。

建筑主体砖木结构，清水砖砌墙，中西合璧风格。入口处立两根西洋柱式的短柱，内部则为朱红色列柱，彩画木雕，木挂落。营业厅为二层带平顶罩棚的四合楼，中间为双分的木楼梯连接二层环廊，使整个建筑上下通透、浑然一体。扶梯的镂空纹饰和藻井的彩绘天花都选用中国传统纹样。二楼的平顶罩棚为钢梁、钢檩条，钢材是购用修建泺口铁路桥剩余的德国钢材，使瑞蚨祥成为济南第一座采用钢结构的建筑。

历史照片

内景

外景

隆祥布店西记

位于市中区大观园街道办事处经二路260号，建于1935年。新中国成立后，该建筑曾作为委托商行、土产杂品公司和炊事机械器材公司门市部，现为一家宾馆。属省级文物保护单位。

隆祥布店坐南朝北，前店后院。北边临街门脸三层，南为两层的三合楼，院内有两部楼梯。建筑外形中西合璧，平面为"凹"字形，北立面五开间，中间的三开间内凹约3米，通长的仿欧式薄壁柱，直抵檐下。正门上方镂空木挂落雕工精美，为京派建筑特色。东西两侧各一开间，造型简洁，以栏杆式的女儿墙作为檐口，形成了临街门脸简与繁、实与虚的对比。营业厅内为通高的共享中厅，一、二楼均环以廊柱，水磨石楼梯旋转而上，厅顶为玻璃罩棚，采光极好，营造出良好的购物环境。

隆祥布店外景

026 济南篇 黄台火车站

　　黄台火车站位于济南市黄台南路15号，建于1905～1915年，最初称济南府东关车站，是胶济铁路全线唯一保存下来的原有车站，有着标本般的历史和文物价值。属省级文物保护单位。

　　车站坐北朝南，是典型的德式建筑。站前有一小型广场，站房由东侧单层的售票、候车厅和西侧两层的办公楼组成，毛石墙基，水泥拉毛墙面，屋顶为四坡传统小灰瓦屋面，屋顶有吻兽花脊，保存完好。办公楼位于西侧，为带阁楼的两层建筑三开间，矩形门窗，窗楣扁平，地面、楼板及楼梯皆木质。候车厅位于东侧，亦为三开间，东面一间为售票室和票库，其他两间为候车厅。候车厅镶有粗石边框的大半圆拱形门窗。石门廊为车站的进站口，下为粗石扶壁夹着半圆券的石拱门洞，上为一高两低的三个山墙面小尖塔。建筑立面轮廓处理粗犷而有力度，构图严谨、稳重。

主立面外观

027 济南篇 "奎虚书藏"楼

位于历下区大明湖路275号,北临大明湖,东临遐园,建于1935～1936年,为原山东省立图书馆藏书楼。1945年,日本在济南的受降仪式在此举行,新中国成立后这里被山东省图书馆使用。属省级文物保护单位。

建筑为现代建筑风格,坐西面东,平面为"山"字形,砖混结构,红砖砌墙,平屋顶,楼后使用回廊相连。建筑两层,上层原为书库6间,下层原为阅览室、展览室等共16间。东立面按五段式划分,南、北两端和中间部分稍突出,中部女儿墙为叠落状马头墙处理,正中为由傅增湘题写的"奎虚书藏"四字,南、北两端的女儿墙也采用叠落的马头墙形状,与中间部分相呼应。

大明湖公园入口

大门外景

西立面外景

将军庙街天主教总堂

028 济南篇

教堂位于历下区将军庙街 25 号，初建于 1650 年，1724 年因反对洋教运动被毁。意大利主教顾立爵从 1864 年始开始重建工程，两年后主教堂建成并投入使用，被罗马教廷核准为天主教济南牧教区总堂。现为济南教区主教府，属省级文物保护单位。

教堂是一座中西合璧的建筑，采用中国传统建筑形式建造，并结合济南民居的特点，石墙到顶，卷棚屋面，小青瓦覆盖，形式朴素。正门开在山墙处，入门拱券上有石雕纹样，两侧为石雕楹联，正门对面建有中式照壁。圣堂西侧偏北建有钟楼，四角尖顶，与卷棚一同黑瓦覆盖，形式朴素，仅在门窗等部位保留一些西洋建筑的特征，与周围的民居和谐一致。院门是一拱券过门楼，为典型的巴洛克建筑风格，通体石筑，最上端为十字架。

教堂鸟瞰

侧入口

089 / 鲁中鲁北卷

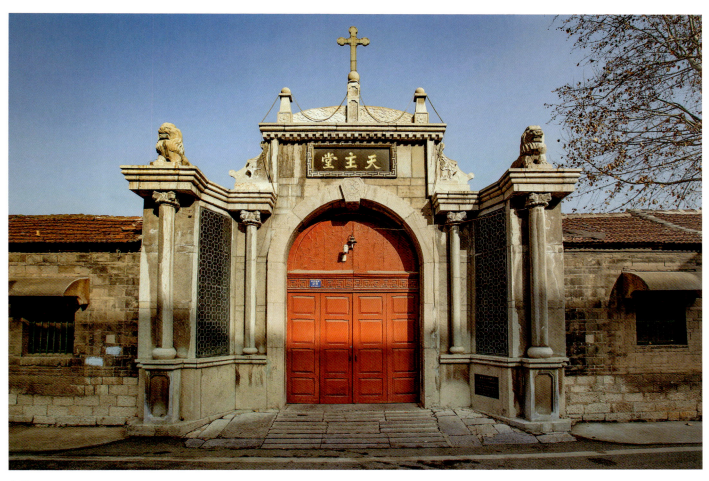
大门

外窗细节

大门局部

石雕细部

齐鲁大学建筑群旧址

齐鲁大学旧址位于济南市文化西路44号山东大学趵突泉校区内，始建于1918年。1917年，英美加的基督教组织决定，在山东基督教共和大学的基础上，将汉口大同医科和南京金陵大学医科并入共和大学医科，加之早一年并入的北京协和医校，合办成立齐鲁大学。属全国重点文物保护单位。

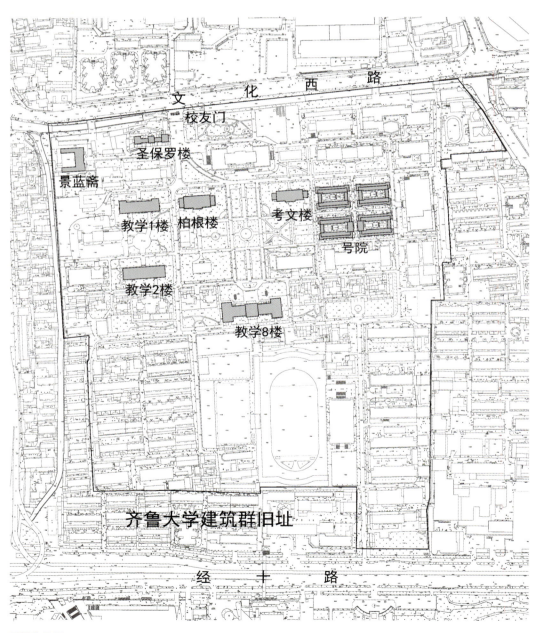

平面位置图

校园坐南朝北，采取对称布局，正中为西方园林布局的中心花园，花园东西两侧由北向南对称布置考文楼（物理楼，现为教学五楼）、奥古斯丁图书馆和柏根楼（化学楼，现为教学三楼）、葛罗神学楼。教学办公楼为地上三层地下一层，重石基，清水灰砖墙，花脊小瓦，硬山式屋顶。每座楼的入口处为中国古典式半坡柱廊式门斗，或设垂花门罩，山墙及山花砖石雕刻精细，中西古典相融。教学楼正南为教工宿舍，多为二层欧陆别墅式住宅，男女学生公寓分列东西两侧，女学生公寓即景蓝斋。现存主要历史建筑有考文楼、柏根楼、圣保罗楼、景蓝斋、水塔、十余栋西式别墅楼以及多处西式平房院落。

校友门

教学八楼

历史照片

景蓝斋历史照片

圣保罗楼和附属教堂

柏根楼

号院

考文楼

景蓝斋局部

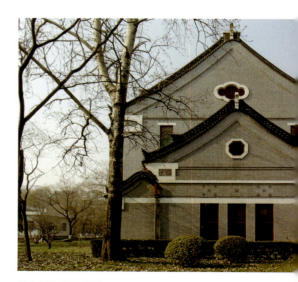

考文楼东立面外观

号院立面局部

水塔

齐鲁大学医学院建筑群旧址

030 济南篇

位于历下区文化西路 107 号山东大学齐鲁医院内,始建于 1908 年。时称为"共和医道学堂",先后更名为山东基督教共和大学医科、齐鲁大学医科附设医院(简称齐鲁医院),是当时中国最新、最大、设备最佳的医院。属全国重点文物保护单位。

现存有新兴楼、求真楼、英国浸礼会礼拜堂、共和楼、和平楼、健康楼等,是一组中西合璧的建筑群,基本上都是二、三层的楼房,平面布局全部为西方近代建筑形式。剁斧石石墙基,灰砖清水墙体,歇山式、硬山式屋面灰瓦覆顶。在建筑的入口处多设有单坡屋顶柱廊式门斗或设垂花门罩,屋脊吻兽、山墙砖石雕刻也多是中西混合式样。共和楼是当时该院最大的建筑,坐北朝南,中间主入口为欧洲古典券柱式构图,下为石铺大台阶;建筑东西两端,南北各有两个六边形攒尖顶塔体,形似角楼,高耸挺拔;东面两座塔楼之间夹着的三开间为次入口。所有门窗套都为石作,一楼外墙为剁斧石垒砌,二楼以上为清水灰砖墙,硬山双坡屋顶,覆盖欧洲流行的灰色鱼鳞瓦片。

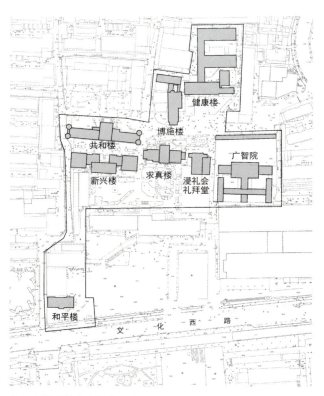

齐鲁大学医学院建筑群旧址

广智院历史照片

齐鲁医院鸟瞰

新兴楼

共和楼

求真楼

浸礼会礼拜堂

共和楼南立面外观

广智院

广智院位于历下区文化西路 103 号，建于 1905 年，由英国传教士怀恩光创办，其子任设计师，是当时外国教会在中国兴办的最早的博物馆之一。建筑风格中西合璧，采用中国传统庭院式对称布局，坐南朝北，依势而建。正面为大门、陈列大厅，左为阅览室，右为研究所，后为布道堂。其中陈列大厅形制高大，面阔 15 间，屋顶部设有大面积的玻璃天窗，在当时济南单体建筑中规模最大。展室南边，有庙宇式的两层礼堂一座，可容纳 600 人。所有建筑均水磨砖垒，小瓦覆顶，翘檐花脊，山花复杂。院临街墙上开有六角窗。

广智院主入口

广智院外墙窗户细部

广智院山墙局部

广智院山墙细部

广智院正立面外观

031 济南篇 | 基督楼自立会礼拜堂

礼拜堂位于槐荫区经四路425号，建于1924～1926年，李洪根牧师设计，桓台建筑商杨长利、杨长贞负责施工建造，是完全由中国人投资、设计、建造的基督教建筑。至今仍作为基督教堂使用，属省级文物保护单位。

教堂平面为"工"字形，主体建筑高两层，半地下室。底层为毛石砌墙，二楼以上为红色清水砖墙，红瓦顶。建筑坐北朝南，立面造型高低错落。南立面东西两侧为四层高的正方形塔楼，顶部是方锥形铁皮塔尖，两座塔楼之间的大厅山墙带有巴洛克建筑色彩。大厅前面是高高的石台阶，上有前后8根方石柱撑起宽大的门廊，造型敦实庄重。

南立面外景

教堂内景

内窗

侧立面外观

同仁会医院门诊住院部旧址

位于槐荫区经五路324号，为日本人建于20世纪30年代。同仁会医院前身为德国人的"博爱医院"，一战期间日本人接收迁址另建，最初名为"青岛守备军民政部铁道部济南医院"，1925年更名为"同仁会济南医院"。现为山东省立医院"仁和楼"，属省级文物保护单位。

建筑为日本仿欧建筑风格，坐南朝北，原为二层，后增至三层，局部设有石砌的地下室。建筑外墙为毛石墙基，砖墙体水泥拉毛抹面。平面为"山"字形，主立面采用古典主义五段式对称手法，以窄条窗强调竖向构图。墙体和门窗凹凸的饰线十分丰富，各转角处均有挑出的石质牛腿样装饰件。主入口是设在花岗石台基上的大门廊，左右立有方形花岗石贴面的石柱。整体建筑精致典雅，和谐统一。

正立面历史照片

住院部外景

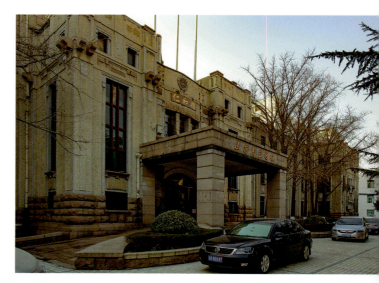

入口

033 济南篇 胶济铁路济南站办公楼旧址

位于天桥区站前街30号，建于1914～1915年，由德国人掌控的山东铁道公司兴建。建成之后，与津浦铁路济南站仅相距数百米。1937年底，日军占领济南，于次年将胶济铁路与津浦铁路并轨，津浦铁路济南站作为胶济铁路的尽头站，胶济铁路济南站改为办公用房。现为济南铁路分局办公楼。属全国重点文物保护单位。

建筑为德国古典复兴晚期的建筑风格，白色蘑菇石砌基，黄色抹灰墙面，红瓦大坡屋顶上开老虎窗。建筑平面呈"一"字形，坐北朝南，南立面偏东位置稍向南凸为候车大厅，大厅立面作对称处理，高大的花岗石台座中间，开3个圆券式洞门。台座以上2层为高大的石柱廊，有8根高大粗壮的爱奥尼石柱，很是壮观。楼东西两翼屋面稍低且后退，西翼是经营管理、办公和旅馆，东翼是餐厅和贵宾候车室。

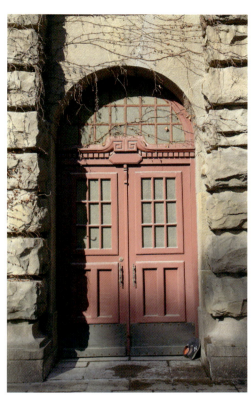
侧门局部

历史照片

候车大厅二层柱廊

正立面外景

107 / 鲁中鲁北卷

候车大厅外观

山东高等学堂教习住房旧址

济南篇 034

又称社会主义青年团山东地方团建团遗址，位于市中区经七路纬一路130号育英中学内。建于1904年，该建筑原为山东高等学堂外籍教习住房，山东高等学堂停办后，被拨给育英中学使用。1922年，中国社会主义青年团济南地方团组织成立大会在此举行。属省级文物保护单位。

建筑坐北朝南，灰砖清水墙体，毛石墙基，平面基本为方形，南北、东西均为五间，二层为木楼板。南面登八级石阶经外廊通向主入口，步入南北通道，两侧各有互通的两个房间，通过通道尽端的楼梯可达二楼。主立面设连续半圆券式的前柱廊，方形砖柱，二层以连续半圆券式大玻璃窗呼应，其他三面的门窗则均为平直门楣。屋顶为四坡式，四个斜脊到了上端变为平顶，方形小平顶上砖砌透空的女儿墙。

庭院

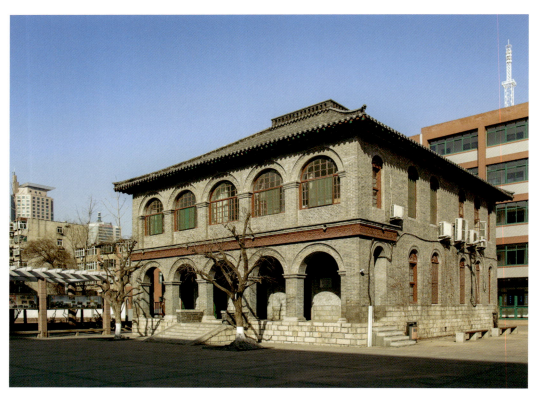

外景

035 济南篇 津浦路铁路宾馆

位于市中区大观园街道办事处经一路2号，纬一路北端路西。建于1904～1909年，最初是津浦铁路公司办公楼，后来成为津浦铁路宾馆，胡适曾入住过。新中国成立后曾作为山东宾馆，济南军区第五、第四招待所，现为医院，属省级文物保护单位。

德式建筑，采用日耳曼青年风格派建筑风格。楼体坐西朝东，砖石结构，木屋架。东主立面呈"山"字形布局，中间三层，两侧二层，均带屋顶阁楼。三个四面坡组成的硕大的红瓦屋顶，上开有三角形老虎窗。阁楼下的顶层窗楣上饰有橡树叶图案。一楼主入口为四柱门廊。

外景

山东红卍字会诊所旧址

山东红卍字会诊所旧址位于市中区经四路万达广场内,建于1928年。初为世界红卍字会的慈善诊所,1942年改建成"红卍字会附设医院",1953年停办。现为省级文物保护单位。

诊所是一个由前、后二进院落组成的二层四合楼群,共有54个房间。第一进大门两侧立2根爱奥尼克石柱,柱顶为中国传统的灰瓦、花脊屋顶,通向院内一面为欧洲古典的半圆券式,带有明显的中西合璧的风格。前后院内建筑由大红柱子支顶,二楼以木质回廊相连,楼梯同为木质结构。前楼、中楼均为硬山两坡屋顶、五开间,东、西厢楼为平顶单坡屋顶、三开间,略低于前楼、中楼。

后楼为三层平顶屋面,有女儿墙,楼体独立,与前部建筑以回廊相连,楼顶前部做成卷棚抱厦,挑出部分由粗大的立柱支撑。

侧立面外景

大门正立面

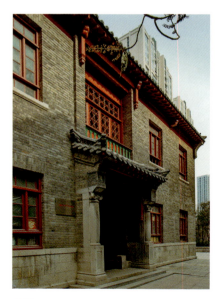

大门

蒲松龄故居

蒲松龄故居位于淄川区洪山镇蒲家庄，1938年遭日军焚毁，1954年人民政府修复，于1980年正式建立了蒲松龄纪念馆。属全国重点文物保护单位。

故居是传统四合院形制，正房三间，东、西厢房各一间，东向门楼一间，均为石砌墙基、青砖柱门窗、草顶、小青瓦接檐，是清代典型的北方农家建筑。

客厅

院落

大门

038 淄博篇 颜文姜祠

位于博山区神头镇孝妇河西岸，始建于北周（557年），更建于唐天宝五年（746年），宋熙宁八年（1075年）扩建，清康熙十一年（1672年）增建。属全国重点文物保护单位。

颜文姜祠是淄博市现存规模最大的明清古建筑群，平面为前后两进四院落，中轴对称的布局形式。有山门、香亭、正殿、寝殿、土地祠、火神祠、三公祠、王爷殿、公婆殿、爷娘殿、郭公祠、百子殿等73间房屋，建筑面积1368.34平方米。主体建筑是俗称"无梁殿"的正殿，位于前院正中灵泉西北台基之上，面阔三间17.2米，进深三间18.6米，高约15米，单檐歇山庑殿顶，九脊七兽，斗栱硕大，多达十一踩，木架结构，上覆绿琉璃瓦，出檐深远达3.5米。

全景图

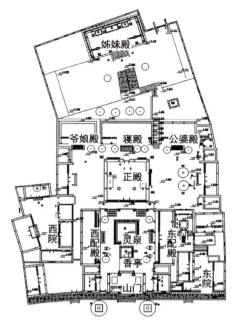
平面图

香亭

无梁殿屋顶大木作

砖雕

台基

山门

039 淄博篇 四世宫保砖坊

坐落在桓台县新城镇城南，始建于明万历四十七年（1619年），万历皇帝为表彰兵部尚书王象乾特许建造。属省级文物保护单位。

该牌坊为中间高、两边低的宫殿式样，磨砖起磋，形成一大二小的拱形坊门，除4个基座为巨型方石砌成外，其余皆为青砖砌筑。整个坊体高15米，面阔9.2米，进深3.33米，占地30平方米，分下、中、上三层，每层四周均有精致浮雕。整座建筑造型别致，是一幢集古代建筑、雕刻、书法艺术于一体的杰作。

侧立面

外观

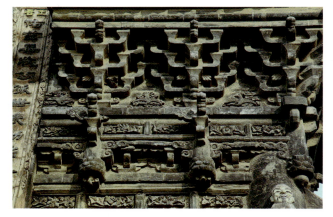
砖雕细节

额枋

040 淄博篇 文昌阁

文昌阁，又称"魁星楼"，位于高青县青城镇城中心，始建于1736年，初置魁星神于文台上，1756年夏，建成文昌阁。文昌阁是一座过街楼式建筑，跨建在古青城县城中心的十字大街上。基座为砖石结构，开有十字形券拱门洞。基座以上是三层木构楼阁，第一层以圆柱支撑飞檐，二层为暗层，中间以砖砌四壁直达三层；每层四角攒顶，装饰斗栱，釉瓦覆顶，四脊有石兽。楼通高20米，造型宏伟壮观，是青城八景之一的"高阁晚霞"。属全国重点文物保护单位。

外观

正立面

041 淄博篇 周村大街

周村古商城历史文化街区形成于宋元，兴盛于明清，是周村现存最大、最古老且是山东省境内唯一保存完好的明清古建筑群商业街，属省级文物保护单位。位于周村城区中部，由大街、丝市街、银子市街、绸市街等古商业街区组成，周村的城市建筑体现了北方建筑艺术的特色，但是由于周村地处河网交错地带，许多建筑傍水而建，又具有小桥流水人家的江南风格。它以北方的四合院为主题建筑，但又不拘囿于传统，东西向、南北向都有，因势成街，因势赋形，为山东仅有、江北罕见。1904年开埠后，各地商人云集周村，带来了他们家乡的建筑文化，街上既有晋派、徽派建筑，又有欧式风格建筑，前店后场，住宅与经商功能合二为一，被专家誉为"中国活着的古商业街市博物馆群"。

入口牌坊

魁星阁

大街

旱码头

南阳兄弟烟草公司旧址

丝市街

银子市街

英美烟草公司旧址

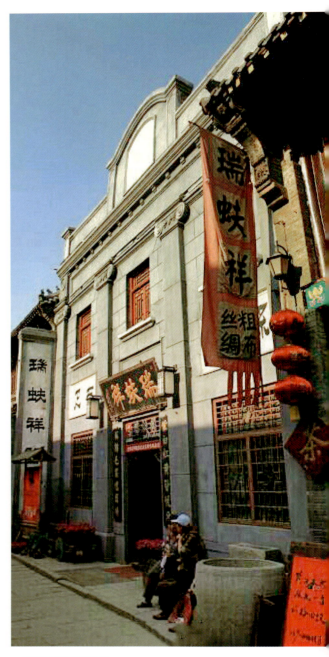

瑞蚨祥绸布庄旧址

状元府太湖石

状元府砖雕

状元府主楼

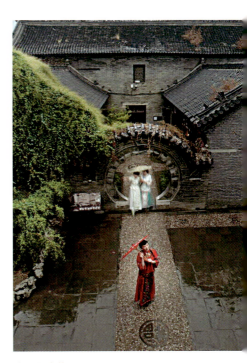
状元府院落

042 淄博篇 工人文化宫

工人文化宫位于博山区城东街道办事处峨眉山东路2号，为开放型文化休闲活动场所，始建于1954年。由影剧院、展览馆、图书馆组成，其中影剧院由苏联专家帮助设计，中西合璧，砖混结构，上下共分三层，底层为青石蘑菇石。影剧院东南侧为文体活动厅房，百余米处的南端为展览、陈列大厅，颇有气势。属省级文物保护单位。

外观

矿务局建筑群

淄矿集团德日建筑群位于淄川区洪山镇洪山村北矿务局机关院内，1904年由德国人开始兴建，20世纪30年代日本人续建。现有德国建筑13座，日本建筑5座。主要建筑有：德国营业大楼、德国大夫住宅楼、日本矿业办公楼等。德国建筑为砖石结构，花岗石砌基，坡屋顶，灰色抹灰墙面，有的山墙饰有仿木桁架，有的门窗用石条嵌框；日本建筑门窗多为长方形，立面对称均衡；日本神社建筑始建于1917年，全部为钢筋混凝土仿木结构建筑，在全国实属罕见。

德式建筑——营业大楼

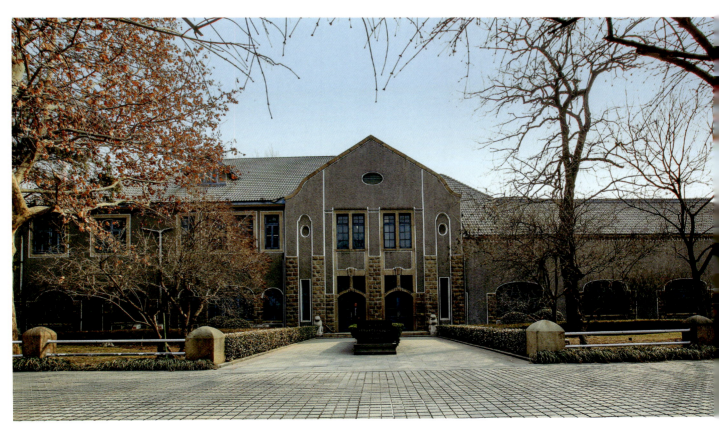

德式建筑——华东野战军前委扩大会议旧址

德式建筑——私人住宅一

德式建筑——淄川煤矿事务办公室

德式建筑——矿区办公室

德式建筑——私人住宅二

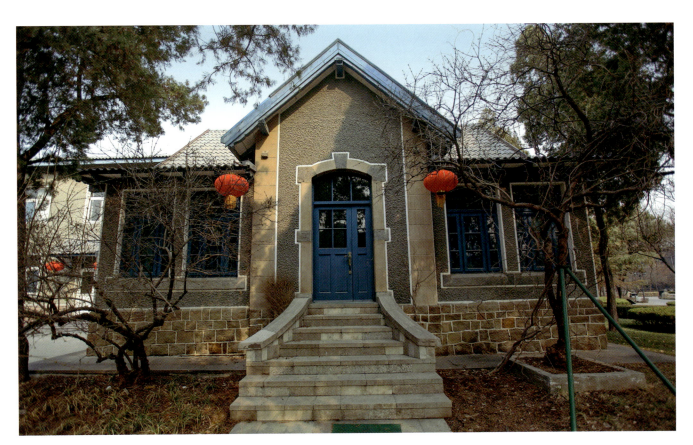

德式建筑——私人住宅三

日式建筑——神社

日式建筑——财务所

日式建筑——碧霞祠

德式建筑——私人住宅四

华严寺

华严寺坐落于桓台县田庄镇高楼村，建于隋代，距今已有1400余年，史料记载，明成化、嘉靖、万历、清康熙、乾隆、嘉庆年间地方民众多次修缮和复建，建筑遗存已不是隋唐时代的原制，而是明清重修后的旧观。华严寺整体建筑布局严谨，主次得体，进山门为天王殿，过天王殿是第二进院落，建于露台上的大雄宝殿是华严寺的主体建筑，整体为木质结构，阔五间，进深三间，五脊攒尖顶，黄色琉璃瓦，二龙戏珠大脊，大雄宝殿前左右各有配殿五间，观音殿三间。

山门

华严寺大雄宝殿

院落

天王殿

045 淄博篇 和尚房石楼

石楼位于博山区域城镇和尚房村，为清初孙禹年所建，是建于峭壁的奇特古建筑。石楼依山势洞壑建有五层，凭曲折的石阶而上。石楼因洞筑室，因势设阶，临崖凿窗，洞房相连，石阶狭窄，曲回陡峭，连接各室。攀登石楼远眺，一层一番景色。站在露天走廊上可与飞鸟问答，凭借楼上窗洞能和苍鹰比高。乃至石楼最高层，颇有凌空欲飞之感。

入口外景

内景

广饶关帝庙大殿

046
东营篇

关帝庙大殿位于广饶县月河路270号的东营市历史博物馆院内，始建于南宋建炎二年（1128年），因而又称"南宋大殿"，是山东省最早也是现存唯一的宋代木构殿堂。属全国重点文物保护单位。

该殿为全木结构，单檐歇山顶，飞檐翘角，雕甍绿瓦。大殿高10.38米，东西阔12.63米，进深10.7米，结构形式为六架椽屋乳栿对四椽栿用三柱，用材按宋为六等材，室内四椽栿为彻上露明造，原室外乳栿当心间为藻井，次间为平棋，斗栱重昂五铺作，接近《营造法式》"大木作制度"的建筑规范。大殿虽经历代维修，仍保持了宋代建筑特有的风格，是研究我国中古时期木构建筑的珍贵资料。

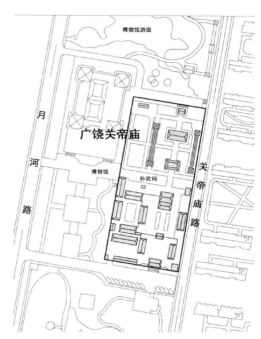

平面位置图

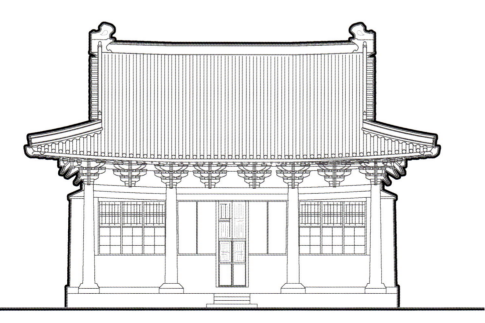

大殿正立面图

关帝庙大殿东北角侧面外观

关帝庙大殿西北角侧面外观

关帝庙大殿正立面外观

岱庙

_{047 泰安篇}

岱庙，旧称"东岳庙"，又叫泰庙，位于泰安市城区北部，东至仰圣街，西至二衙街，南至东岳大街，北至岱庙北路。始建于汉代，宋代形成如今的宏大规模。岱庙是封建帝王供奉泰山神灵、举行祭祀大典的场所，总体布局采用了以三条纵轴线为主、两条横轴线为辅、均衡对称、向纵横两方扩展的组群形式，是按照唐宋以来祠祀建筑中最高标准修建的。岱庙庙墙高筑，周辟八门，四周皆有角楼，中轴线上由南到北依次坐落着正阳门、配天门、仁安门、天贶殿、后寝宫、厚载门，东轴线上坐落着汉柏院、东御座、鼓楼、东寝宫、东花园；西轴线上有唐槐院、雨花道院、钟楼、西寝宫、西花园。属全国重点文物保护单位。

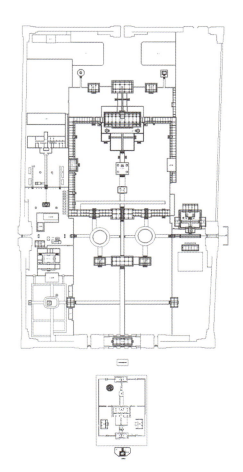

平面图

厚载门

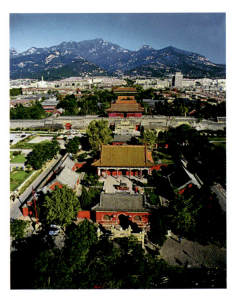

鸟瞰

正阳门

配天门

乾隆重修岱庙记碑

五岳独宗碑

牌坊

天贶殿

048 泰安篇 碧霞祠

碧霞祠位于岱顶天街东端，始建于宋大中祥符元年（1008年），为全国重点文物保护单位泰山古建筑群的一部分。碧霞祠由大殿、香亭等12座大型建筑物组成。整个建筑以照壁、南神门、山门、香亭为中轴，左右对称，南低北高，层层递进，高低起伏，参差错落，布局严谨，在道教宫观中极有代表性。碧霞祠保留了明代的规模及明代的铜铸构件，建筑风格多为清代中晚期的风格，为泰山最大的高山建筑群，是泰山上一处重要标志性建筑。

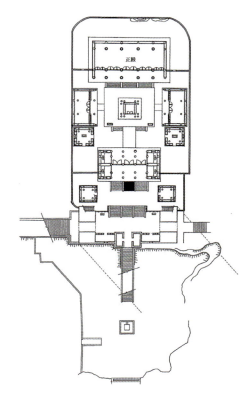

总平面图

碧霞祠鸟瞰

香亭

南神门

碧霞元君殿

大殿

碧霞祠山门

碧霞祠远景

盘路古建筑群

049 泰安篇

泰山盘路辟建于汉代，称为环道，历代重修，现存少部分为明代建筑风格，大部分为清代建筑风格。泰山盘道是古代帝王封禅泰山时举行祭天仪式时所修建的登山御道，古建筑群多是历代帝王封禅或祭祀泰山时的斋沐、驻跸之所。泰山中路全长9公里，盘道占8公里。古建筑多跨盘道而建或构筑于盘道之侧。泰山上下较重要的古建筑群有关帝庙、王母池、红门、斗母宫、壶天阁、南天门、碧霞祠、玉皇顶、后石坞、普照寺、灵应宫、万仙楼、三官庙、五松亭、孔子庙、青帝宫、三阳观、五贤祠、烈士祠等。此外，沿途还有众多的亭、坊、桥等单体石质建筑。

中天门

十八盘

盘路

一天门

壶天阁

孔子登临处

红门

南天门

天街夜景

050 泰安篇 美以美会基督教堂

该教堂位于泰山区岱庙办事处青年路北首西侧登云街2号,创建于光绪二十六年(1900年),是美以美会传教的场所,现为泰安市基督教协会所在地。美以美会基督教堂为硬山顶砖石木结构,以哥特式建筑风格和泰安地方建筑形式结合,平面呈"十"字形,屋面为十字相交的红色大瓦卷棚顶,将漆河的鹅卵石镶嵌在教堂墙壁之上。

外景

051 泰安篇 育英中学

育英中学旧址位于泰山区岱庙办事处灵芝街、青年路与财源街交会处路西,俗称大、小红楼,创建于1901年,由英国中华圣公会创办,罗马式建筑风格。现存教师宿舍楼与教学楼2座,共有大小房间30间,均为二层建筑,并设地下室。其中教学楼(大红楼)平面呈凸字形,面阔七间,中间五间有前廊,南北两山墙顶部呈"山"字形,中间五间为平顶,两端为红瓦四坡顶。教师宿舍楼(小红楼)平面呈"十"字形,红砖砌筑墙体,木构建,主体为四坡顶,南北两侧凸出部分为红瓦两坡顶。

小红楼外景

育英中学大小红楼外景

育英中学大红楼

育英中学小红楼

052 泰安篇 泰安火车站小楼

泰安火车站小楼，原名为"泰安府站钟楼"，位于泰山区财源办事处龙潭路南端西侧、泰山火车站广场东南角、新站房东侧。泰安火车站小楼属罗马式建筑风格，建筑物六层，高约25米，为石块构筑、木质地板结构，上原置有大钟，故名。站房位于钟楼下，为上下两层建筑，方石块构筑，拱形门窗，在屋檐下雕刻有石斗拱，有中西合璧之特色。该建筑是德国人按照德式风格建筑而成，泰安府站钟楼和站房是现存津浦线上最古老、最大的站房。

主立面外观

车站小楼外景

山东农大 1 号教学楼

（053 泰安篇）

山东农业大学主楼位于泰山区泰前办事处文化路东首路南山东农业大学院内，建于 1960 年，是驻泰高校中最早、最具代表性的建筑之一，山东农大 1 号教学楼为砖石水泥混凝土平顶式前雨厦结构，主楼主体部分五层、左右四层，坐北朝南，下有三级石台，面阔 27 间。前厦置有雕有莲花图案的四柱，主体建筑中央上方雕有麦穗、向日葵、齿轮、步枪、红旗图案，正中为毛主席著作放光明图案，象征中国工农兵心中向太阳。

1 号教学楼入口局部

1 号教学楼正立面外观

054 泰安篇 山东农大礼堂

山东农业大学礼堂位于泰山区文化路东首山东农业大学院内，该礼堂原为原泰安地委党校礼堂，建于 1956 年，是农大及泰城高校较早的建筑代表。主楼坐西朝东，主体为上下三层砖石水泥混凝土抱厦结构，主体面阔九间，南北宽 27 米，东西长 64.2 米，连同月台占地面积 2000 平方米，南北配圆形建筑各三层三间，置有圆拱形钢窗 40 个，整个建筑建在 1.5 米高的四层石基上，大堂内部设置 1400 多个座位。

大礼堂侧立面外观

大礼堂正立面外观

055 萧大亨墓
泰安篇

萧大亨墓位于岱岳区满庄镇东萧家林村西，萧公明万历四十年（1612年）卒后，明神宗敕令为其建墓，墓于明万历四十五年（1617年）竣工，历时六载。萧大亨墓坐北朝南，神道长100米，宽13米，前后各1座四柱三间歇山顶石坊，坊柱前后夹杆石雕狮子，坊体浮雕缠枝牡丹、群禽瑞兽、麒麟、四龙戏珠；门坊下题刻"敕修"。前坊上下花板题刻"褒崇旷典"、"钦赠太傅兵刑两部尚书萧公佳城"；后坊上下花板题刻"茂膺天宠"、"钦赠太傅兵刑两部尚书华表"；两坊间的神道两侧有华表、武士、石虎、石羊、石马、文吏等石雕各1对。墓前存螭首、方座"谕祭原任少傅兼太子太保兵部尚书萧大亨妻封一品夫人刘氏"碑及神道碑龟驮。属全国重点文物保护单位。

额枋石雕

神道

外景

石坊

神道武士

056 泰安篇 黑龙潭水库大坝

黑龙潭水库位于泰山西麓建岱桥南，建于民国 31 年（1942 年），是日军侵华时胁迫中国劳工修建的，1944 年建成后蓄水，建成时又称惠民堤，留有惠民堤竣工纪念碑。水库大坝为浆砌石重力坝，坝顶长 162.3 米，顶宽 3 米，中部溢流坝段长 56 米，最大坝高 19.03 米，左侧非溢流坝段长 48.5 米，右侧非溢流坝段长 57.8 米，非溢流坝段大坝最高 20.07 米；混凝土防渗墙厚 0.9 ~ 0.75 米。

大坝仰视

大坝俯视

057 莱芜篇 汪洋台

汪洋台位于莱芜市莱城区茶业口镇，原名钓鱼台，是一座古庙，始建于清嘉庆年间，传说当年姜太公曾在此垂钓，故得此名。1942年在吉山村村东发生了吉山战斗，日伪军包围了原泰山军分区教导队，在激战中，原泰山军分区政委、地委书记汪洋同志在此次战斗中牺牲。现在，以英雄名字命名的汪洋台是省级爱国主义教育基地，属省级文物保护单位。

外景

远景

058 滨州篇 魏氏庄园

位于惠民县魏集镇魏府路42号,建于清光绪十六年至十九年(1890～1893年),是缙绅地主魏肇庆的宅第,为中国最大、保存最完整的清代城堡式民居建筑群。属全国重点文物保护单位。

庄园坐西朝东,平面布局呈"工"字形,沿南北纵轴对称设计,按前堂后寝依次排列。庄园的院墙部分建有城门、城门楼、马面。院墙顶部有宽阔的跑道,通过吊桥与内宅阁楼相连。墙内建有壁龛式射击掩体,东南角、西北角建有三层碉堡。住宅群共三进九座院落,建筑为清代小式木作抬梁式构架,砖石木混合结构。院落间设有通道、房屋间以夹壁墙和暗道相连,通过石流向内宅供水,供物靠内外相通的壁洞。城堡内有粮仓、水井、地下埋有煤炭,遇到战争或灾荒,即使不出堡也有足够的生活保障。

城门

内宅院

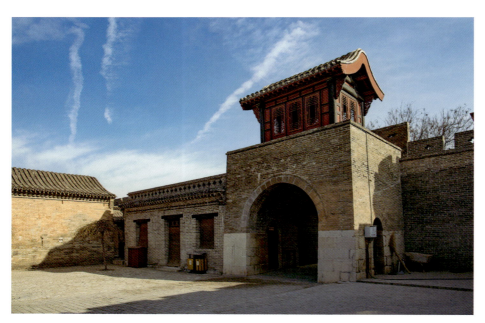
城门楼

外院

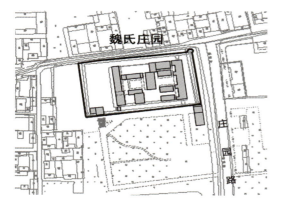
平面位置图

院墙跑道

壁龛式射击掩体

通道

碉堡

鲁东卷

青岛篇

- 001 德国胶澳总督府旧址 / 160
- 002 德国胶澳总督官邸旧址 / 164
- 003 德国胶澳警察署旧址 / 169
- 004 八大关近代建筑群 / 170
- 005 福音堂旧址 / 179
- 006 圣弥厄尔教堂 / 182
- 007 闻一多故居 / 183
- 008 栈桥回澜阁 / 184
- 009 青岛观象台旧址 / 186
- 010 望火楼旧址 / 187
- 011 康有为故居 / 188
- 012 洪深故居 / 189
- 013 天后宫 / 190
- 014 水族馆 / 191
- 015 花石楼 / 192
- 016 青岛取引所旧址 / 194
- 017 八大关小礼堂 / 196
- 018 东海饭店 / 197
- 019 青岛国际俱乐部旧址 / 198
- 020 德华银行及山东路矿公司旧址 / 200
- 021 红卍字会旧址 / 202
- 022 俾斯麦兵营旧址 / 206
- 023 欧人监狱旧址 / 208
- 024 德华高等学堂旧址 / 210
- 025 德国领事馆旧址 / 210
- 026 斯提克否太宅第旧址 / 211
- 027 迪德瑞希宅第旧址 / 212
- 028 德国第二海军营部大楼旧址 / 213
- 029 英国驻青领事馆旧址 / 214
- 030 天主教会公寓旧址 / 215
- 031 总督府童子学堂旧址 / 216
- 032 古西那辽瓦住宅旧址 / 217
- 033 德侨潘宅旧址 / 218
- 034 胶澳邮政局旧址 / 219
- 035 圣保罗教堂旧址 / 220
- 036 胶澳商埠电气事务所旧址 / 222
- 037 胶澳帝国法院旧址 / 223

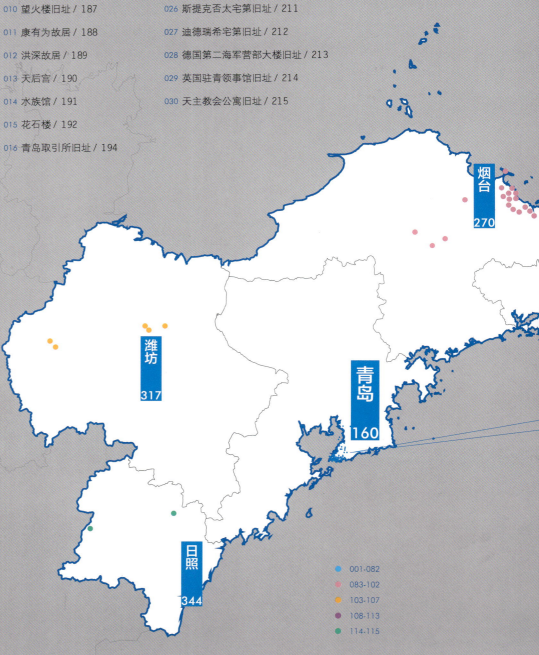

038 侯爵饭店旧址 / 224
039 亨利王子饭店旧址 / 226
040 水师饭店旧址 / 227
041 阿里文旧居 / 228
042 海滨旅馆旧址 / 229
043 路德教堂旧址 / 232
044 横滨正金银行青岛分行旧址 / 232
045 东莱银行大楼旧址 / 233
046 朝鲜银行青岛支行旧址 / 234
047 英国汇丰银行旧址 / 235
048 日本大连汽船株式会社青岛分店旧址 / 235
049 胶澳海关旧址 / 236
050 圣心修道院旧址 / 237
051 普济医院旧址 / 238
052 三井物产株式会社旧址 / 239
053 德国 GELPCKE 亲王别墅旧址 / 240
054 礼和商业大楼旧址 / 241
055 丹麦驻青领事馆旧址 / 242
056 中山路 17 号近代建筑 / 243
057 义聚合钱庄旧址 / 244
058 中国银行青岛分行旧址 / 244
059 上海商业储蓄银行旧址 / 245
060 大陆银行青岛分行旧址 / 245
061 交通银行青岛分行旧址 / 246
062 山东大戏院旧址 / 247
063 青岛市礼堂旧址 / 247
064 总督府野战医院旧址 / 249
065 安娜别墅旧址 / 250
066 两湖会馆旧址 / 252
067 总督牧师宅第旧址 / 252
068 路德公寓旧址 / 253
069 青岛啤酒厂早期建筑 / 254
070 总督府屠宰场办公楼旧址 / 256
071 副税务司住宅旧址 / 257
072 日本商校宿舍旧址 / 258
073 玛丽达尼列夫列斯基夫人别墅旧址 / 259
074 大港火车站 / 260
075 柏林传教会旧址 / 260
076 车站饭店旧址 / 262
077 医药商店旧址 / 263
078 黑氏饭店旧址 / 264
079 三菱洋行旧址 / 264
080 青岛物品证券交易所旧址 / 265
081 中国实业银行青岛分行旧址 / 266
082 金城银行旧址 / 268

烟台篇

083 蓬莱水城及蓬莱阁 / 270
084 牟氏庄园 / 276
085 烟台福建会馆 / 278
086 胶东革命烈士陵园 / 280
087 张裕公司原址 / 281
088 虹口宾馆近代建筑群 / 284
089 海军航院近代建筑群 / 287
090 烟台山周围近代建筑群 / 290
091 广仁路 23 号住宅 / 302
092 哈根住宅 / 303
093 生明电灯公司旧址 / 304
094 岩城洋行旧址 / 306
095 金城电影院 / 307
096 金贡山住宅旧址 / 308
097 《胶东日报》社旧址 / 309
098 新陆商行旧址 / 310
099 基督教浸信会教堂旧址 / 310
100 黄燕底水库大坝(连拱坝)/ 311
101 崇正中学旧址 / 314
102 烟台刺绣商行旧址 / 316

潍坊篇

103 十笏园 / 317
104 真教寺 / 318
105 衡王府石坊 / 320
106 杨家埠年画作坊 / 321
107 关侯庙 / 325

威海篇

108 刘公岛甲午战争纪念地 / 326
109 宽仁院旧址 / 334
110 康来饭店 / 339
111 英国军官避暑别墅 / 340
112 小红楼 / 342
113 英国工程师住宅旧址 / 343

日照篇

114 刘勰故居 / 344
115 丁公石祠简介 / 347

德国胶澳总督府旧址

德国胶澳总督府旧址位于市南区沂水路11号。1904年7月开工，1906年春交付使用。由德国建筑设计师弗里德里希·马尔克设计，是德国在青岛诸建筑物中体积最大、造价最高的一处房屋。属全国重点文物保护单位。

该楼是一座砖、石、钢、木混合结构的建筑，为四层楼房，一、四层系辅助性房间，窗户明显偏小。二、三层为主要办公室，门窗很大，宽敞明亮。建筑平面呈"凹"字形，经由宽大的39级石阶和两边的行车坡道可达圆券门廊主入口。建筑立面中轴对称，古

正立面外观

典主义三段式，粗大的蘑菇石砌筑基座，敦实厚重，上为高达两层的花岗石方壁柱和爱奥尼克柱头，柱间做石砌拱檐。石砌墙面，墙上开窄窗。孟莎式坡屋顶，覆以筒式红瓦，开有弧状老虎窗，屋顶装有铁杆。建筑的门窗皆用柚木做成，耐变形，多数使用至今。

历史照片

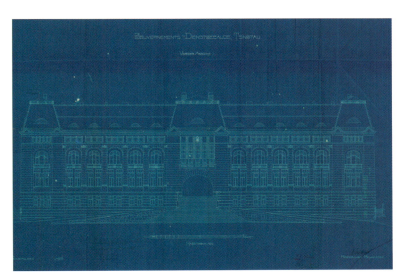

总督府正立面图

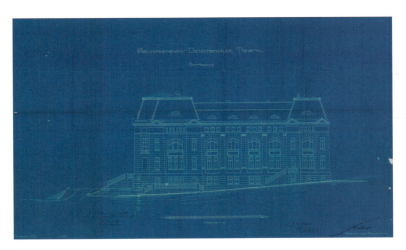

总督府东立面图

德国胶澳总督官邸旧址

002 青岛篇

位于市南区龙山路26号,建成于1908年,是当时德国胶澳总督官邸,1934年更名为迎宾馆。新中国成立后,党和国家领导人及国际友人先后在此下榻。现辟为博物馆,属全国重点文物保护单位。

总督官邸由德国建筑师拉查洛维茨设计,是一座砖石钢木结构的欧洲古堡式建筑,德国青年派风格。建筑主体四层,高30余米,共有大小房间30个,多数房间相互贯通。建筑以花岗石大蘑菇石为装饰材料,四个立面都做了精心设计。北立面墙角伸出一根粗大石柱,由之引出"锚链"环系于蘑菇石砌筑的"太阳形"山花周围,并以石料凿成帆盘结在山花角部做装饰;西侧山墙和檐口上有诺曼龙龙头装饰,造型犹如一艘船。由于开窗窄小、装饰石料规格大,使建筑整体显得敦实厚重,但钢和玻璃构筑的暖房又与之形成鲜明对比,加之石雕刻花等精巧的细节勾勒,使得整栋建筑既端庄宏伟,又精细巧妙。

北立面图

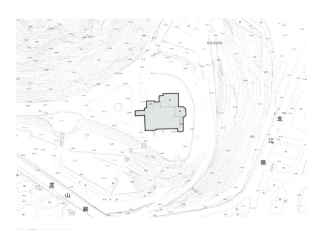
平面位置图

历史照片

南立面外观

西立面图

"太阳形"山花

诺曼龙龙头装饰

石雕刻花

德国胶澳总督官邸旧址西立面外观

003 青岛篇 德国胶澳警察署旧址

旧址位于湖北路29号，建于1904～1905年，初为德国胶澳警察署办公地，1914年日本占领青岛后为日本守备军宪兵队，1922年后为胶澳商埠办公署警察厅。现在是青岛市公安局驻地，属全国重点文物保护单位。

建筑主体高16.5米，塔楼高30米，平面呈L型，正门向南，东南角有一钟表塔楼，立面东高西低不对称。花岗石砌基，立面以仿"半木构"的石砖饰面，红砖勾缝嵌门套窗，屋面变化丰富，钟楼为曲线攒尖顶，以砖砌花纹作为装饰。屋顶为斜坡大屋面，并覆以红色牛舌瓦。

历史明信片

旧址正面外观

004 青岛篇 八大关近代建筑群

1　雅尔玛特霍惟智别墅
2　马哈力大·安大斯别墅
3　花石楼
4　青岛游艇俱乐部
5　东海饭店
6　汇泉路14号
7　基督教青岛教士公所
8　小谷杰夫别墅
9　伊瓦洛瓦别墅
10　林熏别墅
11　杨溯吾别墅
12　尤力夫别墅
13　公主楼
14　姚协甫别墅
15　宋家花园
16　王崇植别墅
17　宁武关路1号
18　周墀香别墅
19　宁武关路10号
20　邵式军别墅
21　宫玉珊别墅
22　兑如脱别墅
23　周钟歧别墅
24　姚啡珂别墅
25　萧劲光别墅
26　何思源别墅
27　袁家普别墅
28　约翰·高尔斯登别墅
29　王正廷别墅
30　韩复榘别墅
31　元帅楼
32　桃花楼
33　金城银行青岛分行
34　苏联公民协会
35　何思源别墅
36　番利夏波尔特夫人别墅
37　沈鸿烈别墅
38　义聚合钱庄别墅
39　正阳关二支路2号
40　英国规矩会青岛支会礼拜堂
41　朱德别墅
42　英国总领事官邸
43　林柏格别墅
44　梅维亮别墅
45　高添多尔别墅
46　丹麦驻青岛领事官邸
47　挪威和芬兰驻青岛领事馆
48　杜华德别墅
49　贺清别墅
50　魏得凯别墅
51　白纳德别墅

八大关近代建筑群位于太平山南麓，有平行于海岸线的东西向主干路3条，南北向用于连接的道路7条，十条马路以我国长城和其他地方一些重要关隘命名，因其中有八个"关"比较著名，而惯称为"八大关"。建筑群自20世纪20年代末开始兴建，止30年代末期基本形成规模，现有房屋建筑近400栋，建筑多为欧美修建的各式别墅，建筑体积小巧适中高度不超过18米，层数不超过三层，建筑面积以每栋300平方米左右为主。建筑材料主要取自本地产石料、砖瓦和木材，建筑大都为砖木结构。建筑设计个性突出，有平面对称中轴线突出、装饰细微的德国仿古典式；有圆形或角形石质墙石、尖塔坡顶的哥特式；有南设敞廊、装饰粗简的西班牙式等。据不完全统计，这里的建筑具有20余个国家的建筑风格，因此，八大关又有世界建筑博览会之称。

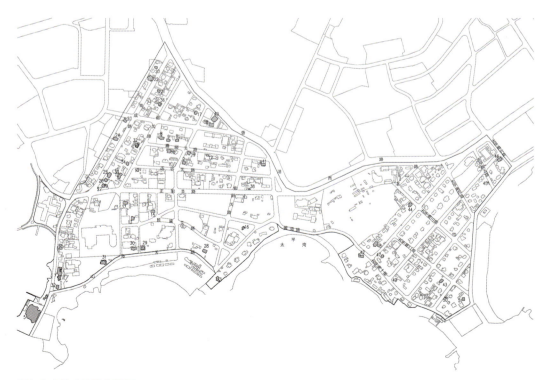

青岛八大关建筑群位置图

1. 雅尔码特霍惟智别墅：函谷关路1号，1934，砖混结构，地上二层。现代式，并带有装饰艺术风格特征，由郭鸿文、范惟滢、穆留金设计。
2. 马哈力大·安大斯别墅：函谷关路12号，1939年建（或者1946年建），砖木混合结构，地上三层，局部二层，有地下室。现代式风格。由中国建筑师黄佳模、栾延玠设计。
3. 青岛游艇俱乐部：汇泉路5号，1937年建，现代式（国际式）风格，由俄侨霍梅可发起建设，是当时著名的游艇俱乐部活动基地。

1. 雅尔码特霍惟智别墅

2. 马哈力大·安大斯别墅

3. 青岛游艇俱乐部

4. 伊瓦洛瓦别墅：嘉峪关路 6 号，1934 年建，砖木结构，地上二层，有阁楼和附属建筑。仿半木屋架的乡村别墅式风格，采用非对称自由式立面。由俄国建筑师尤力甫设计。

5. 林薰别墅：嘉峪关路 7 号，1939 年建，砖木结构，地上二层，有地下室和阁楼。建筑坡屋顶，窗开洞位置自由。

6. 杨溯吾别墅：嘉峪关路 8 号，1947 年建，砖木结构，地上二层，采用小坡顶。建筑为现代式风格，阳台下窗角抹角，与阳台栏板的形式相呼应。由中国建筑师郭鸿文、赵诗麟与赵吟棣设计，原业主为时任大陆煤炭公司总经理的韩侨杨溯吾。

4．伊瓦洛瓦别墅（嘉峪关路 6 号）

5．林薰别墅（嘉峪关路 7 号）

6．杨溯吾别墅（嘉峪关路 8 号）

7. 尤力甫别墅：嘉峪关路 17 号，1935 年建，砖木结构，地上一层，有阁楼和地下室，建筑面积 165 平方米。建筑外观以不对称设计山墙为特征，由俄国建筑师尤力甫设计，1946 年转入尤力甫名下。

8. 公主楼：居庸关路 10 号，1941 年建，砖木结构，地上二层，有阁楼和地下室，塔楼屋顶高耸，坡度陡峭，具有北欧风格，建筑面积 607 平方米。由俄国建筑师尤力甫设计，原业主为德侨萨德，因民间传说此楼为丹麦公主来青岛时下榻的别墅，故此楼民间习称"公主楼"。

9. 宋家花园：居庸关路 14 号，1937 年建，砖木结构，地上二层，有阁楼，南立面由两根圆柱支撑三个半圆拱券，建筑面积 319 平方米。由帕士阔夫设计，原业主为曾任东海饭店经理的英侨卜雷鸣。电视剧《宋庆龄和她的姐妹们》曾在此拍摄。

7. 尤力甫别墅（嘉峪关路 17 号）

8. 公主楼（居庸关路 10 号）

9. 宋家花园（居庸关路 14 号）

10. 王崇植别墅：临淮关路 2 号，1934 年建（1932 年建），砖木结构，地上二层，有阁楼，建筑面积 145 平方米。建筑呈现出俄罗斯乡村木屋风格，由中国建筑师刘趯宸及俄国建筑师拉夫林且夫设计。原业主为曾任青岛特别市工务局局长的王崇植。1955 年夏，著名剧作家曹禺来青岛，居此楼，创作话剧《明朗的天》。
11. 邵式军别墅：荣成路 3 号，1930 年建，砖木结构，地上一层。建筑正立面呈现大型半圆石拱窗，粗犷而具有中世纪风格，由此而在整体上形成一幅富有乡村野趣的画面。
12. 兑如脱别墅：荣成路 7 号，建于 1933 年以前，建筑为砖木结构，地上二层，有阁楼和地下室。建筑东立面呈现仿半木结构加文艺复兴风格券廊，南北两翼各设一座带小屋顶的角堡，西立面为文艺复兴式券柱廊。

10. 王崇植别墅（临淮关路 2 号）

11. 邵式军别墅（荣成路 3 号）

12. 兑如脱别墅（荣成路 7 号）

13. 萧劲光别墅：荣成路 34 号，1931 年建，砖木结构，地上二层，有地下室。建筑由俄国建筑师拉夫林且夫设计，原业主为外侨克雷格。

14. 韩复榘别墅：山海关路 13 号，1935 年建，建筑高两层，砖木结构，复折式（孟莎式）屋顶，二层开老虎窗。张景文设计。

15. 元帅楼：山海关路 17 号，1940 年建，砖混结构，地上二层，有地下室。建筑为近代和风别墅，建筑入口及室内装修具有日式风格，庭院为日式园林，由陈瑞庭设计，原业主为日本高桥商会。新中国成立后，彭德怀、刘伯承、贺龙、罗荣桓、徐向前、叶剑英等六位元帅曾下榻于此，故称"元帅楼"。

13. 萧劲光别墅（荣成路 34 号）

15. 元帅楼（山海关路 17 号）

14. 韩复榘别墅（山海关路 13 号）

16. 金城银行青岛分行别墅：韶关路22号，1935年建，砖木结构，地上二层，有阁楼和地下室，建筑面积304平方米。建筑为英国半木乡村别墅风格，由中国建筑师徐垚设计。

17. 苏联公民协会：韶关路26号，1942年建，建筑为砖木结构，地上三层，有阁楼。建筑模仿青岛德式新艺术运动风格的山墙轮廓，整体又体现着表现主义建筑特征，陡峭的屋顶坡度带有北欧建筑特征。由王屏藩设计。

18. 何思源别墅：韶关路32号，1937年建，砖混结构，高二层，建筑为现代式风格。

16. 金城银行青岛分行别墅（韶关路22号）

17. 苏联公民协会（韶关路26号）

18. 何思源别墅（荣成路36号）

19. 番利夏波尔特夫人别墅：韶关路50号，1934年建，砖混结构，地上二层，局部一层，现代式风格，建筑面积403平方米。由中国建筑师范维滢设计。

20. 义聚合钱庄别墅：正阳关路36号，1942年建，砖混结构的现代式建筑，地上三层，由中国建筑师赵诗麟设计。1946年，宋子文曾在此居住；1947年蒋介石也曾在此下榻。

21. 朱德别墅：太平角一路1号，1941年建，砖木结构，地上二层，有阁楼及附属建筑，英国半木乡村别墅风格。建筑面积905平方米。1959年6月29日至8月17日，1961年8月21日至9月17日，朱德曾在此别墅下榻，为全国重点文物保护单位。

19. 番利夏波尔特夫人别墅（韶关路50号）

20. 义聚合钱庄别墅（正阳关路36号）

21. 朱德别墅（太平角一路1号）

22. 英国总领事官邸：太平角一路9号，1940年建，砖木结构，地上二层，有地下室，英国半木乡村别墅风格，建筑面积378.7平方米。建筑由中国建筑师张新斋设计，是中国建筑师在八大关采用西洋风格设计别墅的成功之作。

23. 高添多尔别墅：太平角五路2号，1931年建，砖石木结构的近代和风别墅，地上二层，建筑面积644平方米。由日本建筑师松本敦史、小山良树设计。

24. 丹麦领事官邸：太平角六路，1929年建，砖木结构的北欧欧洲乡村式别墅，地上一层，有地下室及阁楼。

22. 英国总领事官邸（太平角一路9号）

23. 高添多尔别墅（太平角五路2号）

24. 丹麦领事官邸（太平角六路2号）

福音堂旧址

005 青岛篇

江苏路基督教堂位于市南区江苏路15号，原名福音堂，建成于1910年，建筑主体为建筑师罗克格设计，南立面和钟楼，为里希德与哈赫梅斯特共同设计。当时是青岛福音教教区旅青的德国信徒和德国卫戍部队共用的教堂，俗称"德国礼拜堂"。属全国重点文物保护单位。

青岛基督教堂由钟楼和礼拜堂两部分组成。钟楼高39.10米，钟楼三面设有钟表。18米高的大厅南侧分为两层。教堂采用巴西里卡式平面，建筑物底部、檐上部以及其他的转折部均以粗大的花岗石砌筑，外墙的墙面由水泥砂浆抹面，并作波浪式曲线装饰，教堂屋架采用钢木结构三角形屋架。

历史照片

教堂内景

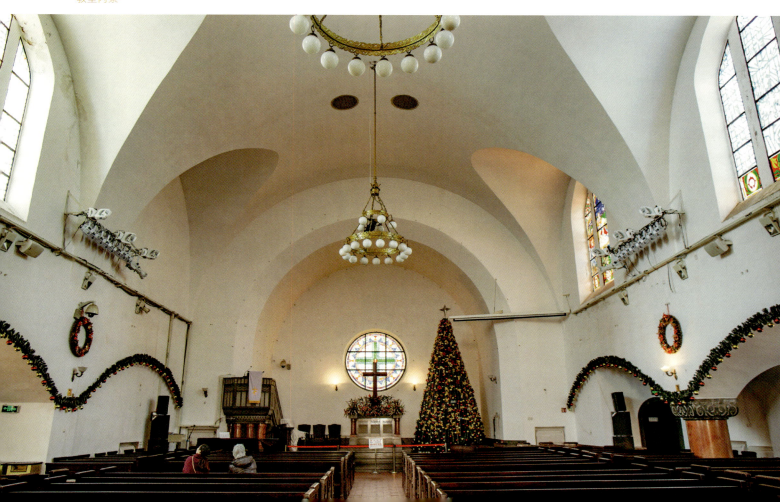

教堂外景

181 / 街末卷

006 青岛篇 圣弥厄尔教堂

圣弥厄尔教堂位于浙江路15号,由德国建筑师阿尔弗莱德·弗莱拜尔设计,特奥弗卢斯·克莱曼,毕娄哈监督建造。始建于1932年,竣工于1934年。占地面积11480平方米,其中建筑面积6301.54平方米,高度60米,是青岛地区最大的哥特罗马风式建筑,也是中国唯一的祝圣教堂。属全国重点文物保护单位。

教堂以花岗石和钢筋混凝土砌成,屋顶覆盖牛舌红瓦。平面呈拉丁十字形,左右设有衬门,正门上方有一个巨大的玫瑰窗,正面高30米处设有平台,两侧有两座对称而又高耸的钟塔,通高为56米,塔内上部悬有4个巨大铜钟,钟声悠扬和谐,锥形塔尖上竖有4.5米高的巨大的包铜十字架。进入教堂,是一个高达18米,可容千人的宽敞明亮的大厅。大厅东西两侧设有走廊,北侧设大祭台,穹顶绘以圣像壁画,气势庞大、古朴典雅。

教堂外景

教堂内景

007 青岛篇 闻一多故居

闻一多故居又称"一多楼",位于市南区鱼山路5号中国海洋大学校园东北角,建于1907年前,是德国侵占青岛期间建设的俾斯麦兵营的一部分。1930年8月~1932年夏,闻一多应聘来到青岛担任青岛大学文学院院长、中文系主任时,曾居住于此。1984年,海洋大学将此楼辟为闻一多旧居展室,楼前立有闻一多塑像,并镌有其学生臧克家撰写的碑文。该建筑砖石结构,具有南欧建筑风格,地上两层,有地下室和阁楼,屋顶呈四面坡状,一、二层间有一圈花岗石腰线,竖向矩形长窗,夏季墙面爬满爬山虎。

故居外景

栈桥回澜阁

清光绪十七年五月（1891年6月14日）青岛建置，清政府于1892～1893年间开始在前海建造长约200米的军事专用铁码头，铁码头分为北部的石砌灰面引堤和南部钢架木面透空桥两部分，整个桥面铺设有窄便轨。

德占青岛后，改为货运码头，德军于1901年5月对铁码头进行加固和局部续建，将桥身向南延长至350米。1914年后称为"青岛栈桥"。1931年8月，青岛市政当局扩建栈桥，桥身延长至440米，桥面提高0.5米，钢混结构，并在桥南端增建三角形防波堤，堤内新筑具有民族风格的八角重檐攒尖琉璃瓦屋面的回澜阁。位于栈桥尽头的回澜阁建筑面积354.12平方米，四周有24根圆形亭柱，阁内为2层圆环形厅堂，中央有34级螺旋阶梯，可盘旋登上二楼。

1984年11月5日至1985年4月28日栈桥大修，根据"在大修中基本保持原貌不变"的原则，对透空桥部分进行了第二次大规模的改建。属省级文物保护单位。

三角防波堤及回澜阁

栈桥回澜阁远景

栈桥回澜阁鸟瞰

009 青岛篇 青岛观象台旧址

青岛观象台旧址建于市内海拔79米的观象山巅，由德国建筑师舒备德设计。建筑共3层，有地下室。整栋大楼以花岗岩剁斧石砌外墙，牛舌瓦屋面，另有花岗石砌塔楼，呈凹形城堞式。青岛观象台是我国现代天文事业的发祥地。它虽始创于德国人，两度日占、几易建制，但是它的主要业绩，特别是在天文学上开拓性的贡献，都是在我国接管后开展的。属全国重点文物保护单位。

历史照片

观象台外观一

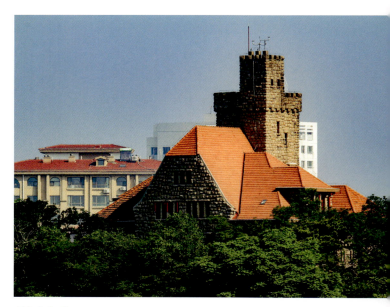

观象台外观二

010 青岛篇 望火楼旧址

望火楼旧址位于观象山西麓的观象一路45号，约建于1905年，由德国建筑师库尔特·罗克格设计，作为胶澳巡捕局消防瞭望塔使用。1930年前后，青岛开通拨号自动电话后，望火楼的功能被电话报警取代。到20世纪40年代初，完成了历史使命的望火楼便被封闭。2009年5月，望火楼二层以上因年久失修重建。

望火楼为八角形，砖石结构，花岗岩斧垛石台基，高约3米，波纹水泥墙饰，大门向西，以花岗岩垛斧石嵌饰，小窑孔窗。楼高18米，建筑面积170平方米。室内为花岗石旋转石梯，由大门直达顶二层。沿内旋梯的走向镶嵌着几个粗石台的小窗，顶部为八角形露天阳台，以8根花岗石混凝土圆立柱支撑铜皮盔帽式塔顶。

望火楼入口

望火楼外观

康有为故居

康有为故居建于 1900 年，位于市南区福山支路 5 号，原系德国胶澳总督副官、海军上尉利利恩科隆男爵住宅。1923 年 6 月康有为先租后购此房，更名为"天游园"，1927 年 3 月 31 日病逝于此。现为康有为纪念馆，属省级文物保护单位。

建筑砖石木结构，平面呈"口"字形，主体建筑二层，阁楼一层，红瓦多向坡屋顶，黄色抹灰外墙，花岗石基石砌基。入口有开敞门廊，南向室外阶梯直达二层主入口，二层设外廊，木质栏杆，拱形窗，一层外墙花岗石贴面。平面设计与立面构图基本采用西方现代手法，但却结合中国传统建筑的特点与细部，因而体现了新民族形式的精神，它为中国建筑的现代化与民族化做出了有益的探索，并对新中国成立后民族形式建筑的设计产生过深刻的影响。

历史照片

故居外景

012 青岛篇 洪深故居

位于市南区福山路1号，建于1932年。1934年洪深来青岛接替梁实秋任山东大学外文系主任时在此居住。在青期间创作了著名电影文学剧本《劫后桃花》。

故居是二层德式建筑，处于高地上，依山而建，主入口在建筑东北侧，前有39级花岗石的主梯和引梯，砖石木结构，红色折坡屋顶，花岗石基座，大门上方挑台以罗马石柱支撑，十分气派。

故居外景

大门

013 青岛篇 天后宫

天后宫位于青岛市太平路19号，始建于1467年（明成化三年），是青岛市区现存最古老的明、清砖木结构建筑群。"先有天后宫，后有青岛市"，青岛开埠于19世纪末，而天后宫距今已有500多年的历史。属省级文物保护单位。

天后宫现占地面积4000平方米，建筑面积1500平方米，为二进庭院。其有正殿、配殿、前后两厢、戏楼、钟鼓楼及附属建筑共计殿宇16栋80余间，是一处典型的具有民族风格的古建筑群。除戏楼为琉璃瓦盖顶，其他建筑物均为清水墙、小灰瓦，且经苏州式彩绘点染，雕梁画栋，金碧辉煌。门内还立两块石碑，记载了清同治四年（1865年）和清同治十三年（1874年），重修天后宫的情景，是了解青岛历史的重要资料。

历史照片

背立面外观

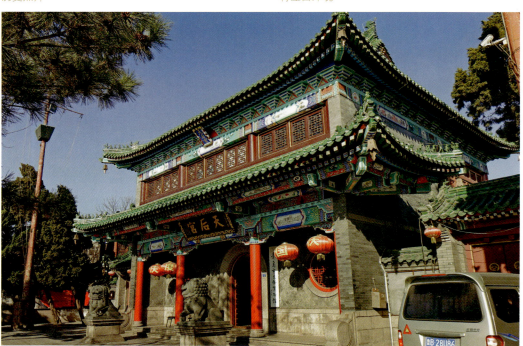
太平路外景

014 青岛篇 水族馆

青岛水族馆地处鲁迅公园中心位置，东接青岛第一海水浴场和汇泉广场，西临中国海军博物馆和小青岛，北靠小鱼山。青岛水族馆被蔡元培先生誉为"吾国第一"，是第一座中国人设计建设的水族馆。1931年1月动工，1932年2月建成，1955年水族馆成为青岛海产博物馆的一个重要展览场馆至今。属省级文物保护单位。

水族馆外观为中国城垣式古典民族建筑造型。高6米，地上三层，地下一层，占地10余亩，建于海滩岩石之上。用红色粗花岗石砌造外墙，与红色礁石相协调，建筑色调与周围环境极为融合。城墙垛上方为二层城楼式建筑，横梁、斗栱，墨绿色琉璃瓦，歇山顶，檐角飞翘。主入口面对汇泉湾，大门为石券门，两侧拾级而上，愈显建筑的宏伟气势。大厅内为陈列厅面积约350平方米。

历史图片

水族馆远景

015 青岛篇 花石楼

花石楼坐落于八大关南端的海岬，地势突兀，三面临海，气势恢宏，是八大关风景疗养区的标志性建筑物。建于1930年，1931年完工，是白俄商人涞比池建造的私人度假别墅，由中国建筑师刘耀宸、王云飞、王义鹏等人设计，建筑面积777.15平方米。是一栋融合了多种艺术风格的欧洲古堡式建筑，既有希腊和罗马式风格，又有哥特式建筑特色。砖石木结构，主体三层，塔楼四层，塔楼顶部为雉堞式女儿墙，建筑保存完好。因楼体多以滑石装饰，故称"花石楼"。属省级文物保护单位。

立面图

大门

花石楼远景

花石楼外观

青岛取引所旧址

日本官办青岛取引所成立于1920年2月，同年11月成立中日合资的商办青岛取引所株式会社，为日本当局的监督管理机构，设物产部、钱钞部、证券部。1942年太平洋战争爆发后，因物资缺乏而歇业。1944年6月，取引所决议解散，1945年5月正式停业。现属省级文物保护单位。

该建筑位于市北区馆陶路22号，建于1920年，1926年竣工。由建筑师三井幸次郎设计，钢混结构。建筑平面呈田字形，划分为4个交易大厅，天花为4个天井，上覆以采光天窗屋顶。建筑地上4层，地下1

沿街外景

层，结合东高西低的自然地形，采取错层式处理，临馆陶路正立面为3层，近铁路的背立面为4层。仿欧式古典主义建筑风格，主立面中部以6根科林斯石柱直达三层檐口，撑起山花，气势宏大。

历史照片

正立面图、背立面图

017 青岛篇 八大关小礼堂

八大关小礼堂位于市南区荣成路44号，建于1959年，为中国特色的新古典主义建筑，由林乐义设计。钢混结构，地上一层，地下一层，花岗石基座，大理石贴面，坡屋顶。平面设计灵活，于基地和环境很好的融为一体。

主入口

小礼堂外景

018 青岛篇 东海饭店

东海饭店坐落于八大关汇泉湾畔，建于 1936 年，高 24 米，是 1983 年以前青岛最高的建筑物。主楼高 8 层，建筑面积为 12650 平方米，当年建造共用资金 114 亿法币，被誉为"东方海上明珠"。饭店曾用名"四海饭店"，"水边大厦"。日本侵华期间，更名"亚细亚饭店"，1947 年 12 月国民党政府接收，恢复了"东海饭店"原名，1950 年 6 月交给海军管理，后即成为北海舰队第一招待所。从 20 世纪 60 年代至今，饭店共进行了 6 次较大规模的维修改造。1994 年改造幅度最大，大堂被扩建几倍至几百平方米。2002 年在 7 楼增加了可供近 200 人同时进餐的阳光大厅。属全国重点文物保护单位。

正立面外观

背立面外观

019 青岛篇 青岛国际俱乐部旧址

青岛国际俱乐部旧址位于中山路1号，建成于1911年，由库尔特·罗克格设计，为德国青年派风格。建筑砖石木结构，地上二层，地下一层，有阁楼。立面为德国三段式造型，花岗粗石砌基，折坡屋顶，有气窗。该建筑为德国在青岛修建的第一个俱乐部，作为德国上层人士的社交场所。1922年中国收回青岛后改作采用会员制的国际俱乐部（亦译青岛总会），成员范围也逐渐扩大。1949年后俱乐部停办，建筑先后作为中苏友好协会和青岛市科技协会办公楼，属全国重点文物保护单位。

正立面外观

199 / 鲁东卷

历史照片

中山路街景

德华银行及山东路矿公司旧址

德华银行旧址与山东路矿公司旧址都在市南区广西路14号同一大院内，目前皆作为住宅使用，都属全国重点文物保护单位。

德华银行旧址

德华银行是青岛历史上第一栋银行建筑，建于1899～1901年，由海因里希·锡乐巴和路易斯·魏尔勒设计，采用19世纪意大利文艺复兴式建筑风格。平面为方形，地上二层，层高约4.5米，有阁楼和地下室。大坡度的蒙莎顶在青岛的德国建筑中独树一帜，屋顶为黑色铅板，留有很小的圆形老虎窗，屋顶边栏杆的短分格突出了自由布局。建筑的支柱、拱券、墙基、屋檐、装饰线及顶部的细方石皆用花岗石砌成，以浅褐色花岗石作隅石和勒角，外墙为灰色多孔式砂浆抹面，临街立面为双层拱券形制。

山东路矿公司旧址

山东路矿公司旧址的南侧围墙外是傍海的太平路，始建于1902年，占地面积594平方米，是一幢德国三段式建筑。砖石木结构，高约14米。地上二层，有阁楼、地下室。灰岩石砌基并做隅石和勒角，折坡屋面，局部墙体饰以木桁架。朝海的南立面，一层设有拱廊，二层设双柱敞廊。门窗呈半圆形，室内设旋转木楼梯，地面为朱黄瓷瓦和木地板。整体建筑结构严谨，无多余雕饰。现为民宅。

德华银行历史照片

路矿公司历史照片

德华银行外观

路矿公司外观

红卍字会旧址

021 青岛篇

青岛红卍字会旧址位于鱼山路37号，始建于1932年，由丛良弼等人筹建，公和兴营造厂施工。先期于1933年建设的后殿是一组由青岛建筑师刘铨法设计，并引起争议的中式宫殿建筑。稍后在1937年至1940年，红卍字会在南侧又修造了一座由建筑师王翰设计的高4层的仿欧式穹隆屋顶建筑，主要用于红十字会办公。第三组1941年建成，原名青岛道院。属全国重点文物保护单位。

建筑群四周红墙环绕，从南向北由四进院落三组风格的建筑组成。第一组为仿曲阜大成殿建筑式样，斗栱、大梁均为钢筋水泥结构。第二组为罗马式公共建筑，地上3层，入口处有4根科林斯石柱，檐口及山墙均有雕饰；内有环形回廊，中间有穹形玻璃屋顶，室内的走廊、房间宽大。第三组为伊斯兰式教寺，有穹窿圆顶塔楼和双层殿堂两部分组成，正立面有8根古罗马爱奥尼壁柱。

庭院

罗马建筑正立面外观

大门

大殿正立面外观

大殿一角

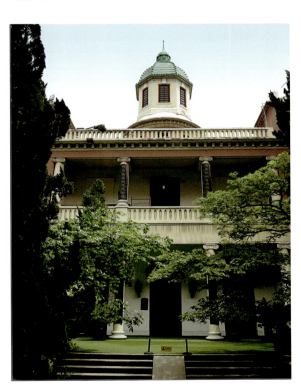

青岛道院

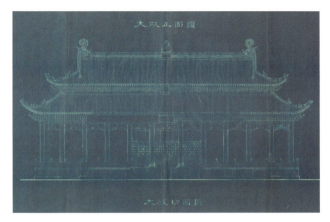

大殿正面图

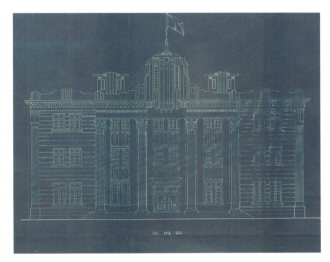

罗马建筑正立面图

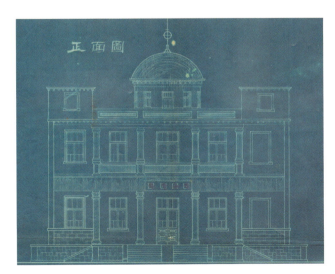

青岛道院正立面图

俾斯麦兵营旧址

俾斯麦兵营旧址位于鱼山路5号,建于1901~1909年,是德军在青岛修建的兵营,为胶澳德军司令部驻地。日德战争中,成为青岛德军作战指挥部。德军战败投降后,兵营为日军占用,更名为万年兵营。1922年中国收回青岛后,更名为青岛兵营,为中国陆军第5师第10旅驻地。1924年在此设置青岛大学,目前兵营建筑作为中国海洋大学教学楼使用。属全国重点文物保护单位。

俾斯麦兵营旧址共4座楼,由德国军官米勒上尉设计,都为德国三段式建筑。砖石木结构,有地下室和阁楼,花岗石墙基,折坡红瓦屋面,隅石勒墙角,石条嵌券门,立面开有矩形弧顶窗。4座营房的平面都呈"H"型,围成一练兵场(现为广场),是开敞性的新哥特式建筑。

历史照片

水产馆

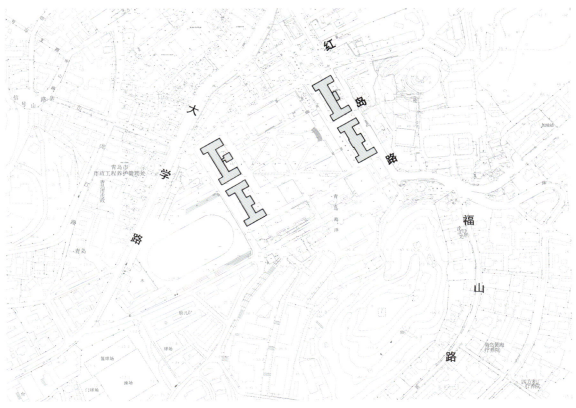

俾斯麦兵营旧址平面位置图

地质馆

海洋馆

023 青岛篇 欧人监狱旧址

欧人监狱旧址位于市南区常州路25号，是德租青岛时期于1900年建造的一座专门关押非中国籍犯人的监狱。目前已改造为德国监狱旧址博物馆，属全国重点文物保护单位。

院内建筑群由"仁、义、礼、智、信"五座监房和一系列工厂等组成，主体建筑为德国三段式古堡建筑，砖石钢木结构，地上两层，地下一层，基部由花岗石砌基，外墙局部贴有红砖，建筑的隅石、勒角线、檐口线饰以红砖装饰线条。正立面西侧立有一圆锥尖顶塔楼，上覆紫铜尖顶，尖顶上有可灵活转动的风向标兼避雷针，上镌"1900"字样。塔身每层之间有4个小窗洞依次递高，内有47级螺旋楼梯。主楼内共有24间房间，每间约11～17平方米不等。塔楼的内部与主楼连成一体，连接主楼内的地下室、北面一、二层以及阁楼。

历史照片

北立面外观

西立面外观

024 青岛篇 德华高等学堂旧址

学堂旧址位于市南区朝城路 2-4 号，由德国胶澳建筑管理局规划设计，为中德合办专收中国学生的高等学校，又称青岛特别高等专门学堂，德华大学。建于 1910～1912 年，整幢建筑结构严谨、坚固。主楼二层，有地下室，阁楼。建筑平面呈"L"形，红瓦多向坡屋顶，并开有半圆形老虎窗，花岗岩蘑菇石砌基。墙面开有矩形窗，窗台为花岗石条石（每个窗体由 3～4 个宽约 60 厘米的矩形条窗为一组组成），建筑主入口西向面海，楼体以正门为中两侧对称。属全国重点文物保护单位。

正立面外观

025 青岛篇 德国领事馆旧址

位于青岛路 1 号，广西路拐角处，建于 1912 年。伊始为德国私人寓所，后为德国领事馆驻地。二战后，孔子后裔孔祥勉购买这幢住宅，将其命名为"南园"。现为南园孔子纪念馆，属全国重点文物保护单位。

该建筑融合德国青年派与新文艺复兴式风格，主体为两层，有阁楼与地下室。沿路的南立面为大面积山墙，上嵌竖向长条窗。西南拐角处建有双层圆顶的八角形塔楼，尖顶为墨绿色，与米黄色的墙面形成了鲜明对比。主入口设在拐角的凹入部位，被大块的花岗石粗石装饰。

东立面外观

026 青岛篇 斯提克否太宅第旧址

该建筑位于沂水路 5 号，建于 1905 年，是德国人斯提克否太的私人宅邸，现为公用事业局办公楼。

建筑楼高三层，地下一层，建筑面积 1506.08 平方米，砖石木结构。一层墙面为花岗石贴面，其余墙面黄色抹灰。主立面为"高直式"的窗户，增加了建筑的视觉高度。

历史照片

宅第外观

迪德瑞希宅第旧址

迪德瑞希宅第旧址建于 1903 年，位于市南区沂水路 7 号。初为私人宅邸，后曾作为银行、办公楼使用。现为市公用事业总公司办公楼。

砖木结构二层建筑，红瓦坡屋顶，角部设三层塔楼，塔楼呈多边形，塔顶为绿色油漆铁皮。建筑平面呈方形，北及东面各设一门，楼梯间位于北门门厅处。红砖清水墙，墙面作仿木构架处理。在楼梯望梁柱上左边立着木雕狮子，右边绕着木质彩龙，室内木柱木梁上盘木雕金龙，门券的石柱上作龙凤浅浮雕，形成中西结合的装修格调。

历史照片

沂水路外景

028 德国第二海军营部大楼旧址

旧址位于沂水路9号，1899年建成，原为德国海军第三营官邸，1912年，这幢官邸建筑改称第二海军营部大楼。1949年青岛解放后，一直为青岛铁路局招待所，近年改作办公楼，属全国重点文物保护单位。

建筑砖石木结构。地上二层，地下一层，有阁楼。建筑平面呈不规则形，方块形花岗石砌基，褐黄色抹灰墙，层间、转角嵌条石装饰，红瓦多折坡屋面，上开有老虎窗。主立面南向，一、二层设外廊，木质栏杆，涂有绿漆。主入口山墙凸出墙面，隅石勒墙角，顶部拱起三角山花。

沂水路街景

营部大楼外景

英国驻青领事馆旧址

领事馆旧址建于1910年。初设为领事代办级,1935年升格为总领事馆,英国是继美国之后第二个在青岛设立外交机构的国家。

建筑为砖石木结构。花岗岩蘑菇石砌基,淡黄色拉毛灰墙面,折坡绛红牛舌瓦屋面。建筑主立面设在东侧,呈"山"字形,二层有一折角形凸窗作为构图中心,其上耸起折坡顶。屋脊两端设筒形拱顶通风孔,楼内设有南北通道门,南向有木制扶梯通往二层及阁楼,门洞为拱形石雕花。建筑整体简洁清秀,是典型的办公建筑。

正立面外观

湖南路外景

天主教会公寓旧址

030 青岛篇

公寓建于1899年冬，位于青岛市市南区湖南路6号，为德占时期前海一带较早建成的住宅之一。设计者是慕尼黑的建筑师贝尔纳茨。

建筑是一幢具有德国乡间风格的拼连式的公寓，即建筑的内部是两套相对独立的住宅。上下两层，有地下室和阁楼。花岗石条石砌基，灰色清水墙，隅石勒墙角，折坡屋面。东西两侧入口处突出墙外，各有一座花岗岩石条砌券门，引梯向上为折角式堡楼，清水砖勾缝墙面，临街窗均由条石嵌套。建筑两翼各有一座三层塔楼，哥特式的尖顶高高耸起。

正立面历史照片

湖南路街景

031 青岛篇 总督府童子学堂旧址

该建筑由德国政府建筑师贝尔纳茨设计，位于市南区江苏路9号，始建于1901年11月2日。创办之初，名叫"胶澳总督府小学校"，只招收驻青德军子弟，学生仅有70名，教师不足10人。新中国成立后，更名为"青岛江苏路小学"。

德式建筑，建筑采用了19世纪末中西混合式公共建筑风格，砖木结构。建筑造型呈中轴对称式。建筑主体两层，有地下室和阁楼，一层西立面外设柱廊，二层设室外走廊，大门设在中央，内凹的中段建筑体高于两侧配楼。正立面阁楼正中设一宽大老虎窗，红瓦黄墙。

历史照片

正立面图

总督府童子学堂旧址正立面外观

032 青岛篇 古西那辽瓦住宅旧址

旧址位于江苏路8号，建造于1900年。1953年之后曾为民盟青岛委员会和青岛标准局办公场所，目前是青岛市质量技术监督局的办公楼。

这座单体式住宅不临街，楼前是一个占地不大的庭院。建筑层数为三层，花岗石墙基，红瓦坡屋面，花岗石引梯，大门左边有六角形塔楼，塔顶为圆盔形。正前门有甬道，上有木质花状挑檐。欧洲特色的圆券式大窗，二楼南立面凸出墙体的挑楼，以及南北两侧造型别致的装饰性山墙，体现了德国文艺复兴的复古风格。

正立面外观

033 青岛篇 德侨潘宅旧址

德侨潘宅旧址位于市南区江苏路12号，约建于1905年，最初的住户是德国总督的副官，所以又叫"二提督楼"。后作为青岛保安总队队长的私人住宅，新中国成立后曾长期作为青岛市人民检察院办公楼。现在为青岛市交通稽查支队办公地。

建筑花岗石墙基，红砖清水墙，上部墙面做仿木桁架装饰。墙体变化丰富，立面不对称，不规则。东大门为六角形塔楼，墙体多雕饰，南侧西侧置木质敞廊。多坡屋顶形式，屋顶错落有致，主要窗户周围有黄色条块图案点缀，局部细节（如檐部、屋顶局部）配以蓝色。

入口外观

034 青岛篇 胶澳邮政局旧址

位于市南区安徽路5号甲，建于1901年，最早为私人商业大楼，后被德国邮政部成立的胶澳皇家邮局租下该楼一楼作为办公营业场所。青岛解放后为青岛市邮电局办公营业大楼。2009年由青岛联通公司出资按照历史图纸对其进行修缮与改造，现作为青岛邮电博物馆并正式对外开放。

建筑为三层砖木结构，立面为红砖清水墙，花岗石砌墙基，角部有塔楼，临街的屋顶覆以红瓦，北面的平屋顶以铁皮铺成，护墙拱券为浅粉色。主楼立面沿两侧街道走向呈非对称钝角形，面向街口凸出的转角，联拱券廊，屋顶弧形老虎窗以及主立面的曲线山花增加了建筑沿街立面的变化。

历史照片

沿街立面

圣保罗教堂旧址

<small>035 青岛篇</small>

始建于1938年，又名观象二路基督教堂。坐落于观象山北麓入口处的高地上，靠近胶州路、江苏路、热河路、上海路4条干道的交汇处。教堂由美国信义会在原德国俱乐部旧址建造，俄国建筑师尤力甫设计。

基督教堂系一红瓦红砖钟楼和一大礼拜堂的组合，为混合式罗马建筑。主入口设在东侧，平面呈不规则自由式布局，建筑由教堂、塔楼和教会楼三部分组成。教堂建筑墙体采用红砖清水墙的形式，用白色水泥勾勒砖缝，圆形拱门窗。顶部二层观赏式露台高约5米，分层设檐口，窗口砖砌拱券，顶部覆红瓦坡屋顶，基座配花岗石。300平方米的教堂大厅高10余米，而高耸的小陶立克式石制塔楼足有24米，成为附近多条道路的对景。

沿街立面外观

036 青岛篇 胶澳商埠电气事务所旧址

旧址位于中山路216号，是五条交叉路口上的建筑标志，约建于1919~1920年。1914年11月，日侵占青岛后接管德国资本的电灯厂，将电灯厂改名为青岛发电所，1922年北洋政府收回位于中山路上的发电所及其发电工厂，命名为胶澳商埠电气事务所，第二年由事务所改组的中日合资胶澳电气股份公司成立。属省级文物保护单位。

建筑砖石结构，花岗岩大蘑菇石砌基，黄色拉毛墙面，平面呈L形，分为南北两部分，南部为4层古堡式塔楼；北部为20年代增建的办公楼。南北建筑风格相仿，北部平顶，南部上有绿铜皮复顶的尖塔。正门向东，半圆石条凸石嵌门边，内为鹅卵石和花岗石边组成扇形装饰，四层塔檐口由蘑菇石饰边，石条嵌外墙门窗套，建筑格调古朴典雅，庄重大方。

历史照片

东立面外观

中山路口街景

胶澳帝国法院旧址

胶澳帝国法院旧址位于市南区德县路2号，建于1914年，德国设计师汉斯·费特考尔设计。1922年中国收回青岛后改为胶澳商埠青岛地方审判厅，后改称青岛地方法院，1949年后相继为青岛市中级人民法院和市南区法院，现为青岛市南区检察院。属全国重点文物保护单位。

法院的主入口设在东边，为一拱形大门。北侧面通过弧形墙体连接一大坡面屋顶的两层建筑，构成完整的"E"形平面，主要包括厅堂建筑与侧翼办公楼两部分。砖石木结构，花岗石墙基，红牛舌瓦折坡屋面，开有老虎窗。黄色拉毛墙面饰浅壁柱，开三联长窗并采用长条剁斧石间隔装饰。

北立面外观

法院东南立面外观

侯爵饭店旧址

侯爵庭院饭店旧址位于广西路 37 号，建于 1911 年，设计者是保尔·弗里德里希·里希德。1922 年中国政府收回青岛主权后，这里为第一区警察署办公地。抗战胜利后，仍作为警察分局驻地。现为青岛市公安局市南区分局所在地。属全国重点文物保护单位。

建筑为德国 19 世纪古堡式建筑，砖石结构，主体二层，包括阁楼、地下室。底层有粗犷的蘑菇石勒脚，一、二层之间以横向装饰线作为分割，屋面为牛舌瓦覆折坡屋顶，上开老虎窗。建筑坐北朝南，主入口南向。

立面为不对称布局，南面两层有露台，西南转角处有一圆塔楼，底层以短粗陶立克柱式支撑，圆塔顶逐渐收缩上升，最后呈针尖状。

历史照片

浙江路外景

广西路外景

观景窗局部

大门

039 青岛篇 亨利王子饭店旧址

位于青岛市市南区太平路31号。建于1912年，由德国建筑师库尔特·罗克格、里希特设计，是青岛最早的大型高级饭店。现为"栈桥·王子饭店"。

建筑为石基粉墙外廊式楼房，砖石木结构。地上三层，除地下室外，一至三层各有8套单间。饭店采用中轴对称式布局，立面三段式处理。花岗石基座，黄色粗砂石墙面，折坡屋面。立面中央突起曲线山花，用花草纹雕饰，转角处用花岗岩镶嵌，窗台、勒角嵌花岗条石。

正立面外观

太平路街景

040 水师饭店旧址
青岛篇

位于市南区湖北路17号。建于1901年，1902年建成。为德国士官和水兵娱乐场所。1914年后曾用作日本居留民团驻地，美国海军俱乐部。属全国重点文物保护单位。

德式三段式建筑，为砖石木结构，地上三层，带阁楼，地下室一层。建筑采用非对称布局，外轮廓丰富。内设青岛第一座室内大型礼堂，西南角设有方形攒尖塔楼。花岗石砌基，墙面花岗岩贴面，现为黄色涂料，檐角及外露廊架为蓝色，檐口为绿色带形。正门向南，顶部大折坡，檐部为露木花饰。

湖北路外景

水师饭店外景

041 青岛篇 阿里文旧居

位于市南区鱼山路1号，建于1900年。是胶奥海关税务司长阿理文的宅邸，由他本人亲自设计，坐落在鱼山南麓坡地上，面对时称维多利亚湾的汇泉湾，得天独厚，享尽自然。现为住宅。

建筑地上二层，有半地下室和阁楼，花岗石砌基，红瓦坡屋顶，开有老虎窗。窗洞嵌套石条，南向窗户为拱券形，陶力克柱式装饰，外置台阶直通二层。二层西面和南面各有突出的宽大阳台，一个方形，一个半圆形，都为宝瓶琉璃栏杆。

西南外景

东南外景

042 青岛篇 海滨旅馆旧址

海滨旅馆旧址位于南海路 23 号汇泉湾畔，建于 1904 年，与亨利王子饭店同属一家公司经营，是青岛最早的假日旅馆。1912 年，孙中山在青岛停留的时候，曾入住海滨旅馆。现为青岛市城市建设集团办公楼，属全国重点文物保护单位。

建筑砖木结构，高三层，层高 4 米，设有阁楼和地下室。花岗石砌基，红砖清水墙白灰勾缝，红瓦坡顶。平面布局为 E 形，由东西向的外廊串联南北向的翼楼。建筑立面强调对称构图，主入口并排三个券拱式门洞，门庭上方结合屋面起山墙，山墙折角之上的坡顶正中建有一个装饰性的小塔楼，部分墙面作仿木桁架处理。内部共有大小房间 30 余间。

入口局部

正立面外观

南海路街景

043 青岛篇 路德教堂旧址

位于清和路 42～44 号，始建于 1930～1932 年，原名为青岛基督教信义会路德堂，1940 年改建为中国宫殿式的大礼拜堂，由艾慕尔·尤力甫设计。教堂高 20 米，建筑面积约 300 平方米，近乎正方形，砌有一米高的石基，十分坚固。正北面外墙刻有十字架浮雕，室内能容纳数百人，高敞明亮，是青岛市区除浙江路天主教堂、江苏路耶稣教堂、观象二路圣保罗教堂外的第四大教堂。

教堂西北面外观

044 青岛篇 横滨正金银行青岛分行旧址

旧址位于馆陶路 1 号，建造于 1919 年，由建筑师长野宇平冶设计。建筑为仿欧式公共建筑风格，砖木结构，地上二层，地下一层，有阁楼。花岗石砌基，水刷灰墙面红牛舌瓦折坡屋面，上有老虎窗。主立面西向，有 8 根方形花岗石贴面石柱直达檐口，山花为凸檐金字塔造型。属省级文物保护单位。

正立面外观

045 东莱银行大楼旧址
青岛篇

东莱银行大楼旧址位于市南区湖南路39号，建于1914年，1923年起为东莱银行办公楼，日本第二次侵占青岛后，这座楼被日本宪兵队强占，作为日本宪兵队司令部。新中国成立后，先后被青岛市档案馆、平安保险公司使用，现空置。

大楼坐北向南，为石砖木钢筋结构，主体三层，有地下室，建筑高27.6米。正立面呈三段式的山字形，中部有山花突出。顶层阁楼前有阳台，四角各为石柱凉亭可远眺海景山色。建筑内有房间34间，主厅富丽堂皇，护墙板雕饰花纹。

湖南路街景

正立面外观

朝鲜银行青岛支行旧址

旧址位于馆陶路12号。建成于1932年5月10日。由日本建筑师三井幸次郎设计，属省级文物保护单位。

建筑为矩形平面，地上二层，地下一层，东南两立面临街。外墙勒脚为花岗石，主立面为深赭色面砖墙面，檐口为欧洲古典线型，檐下花牙条石，淡色浮雕。外墙以大门为中心，依次向两边展开。建筑一层开有与大门同宽的拱形落地窗，铁艺花窗格，边缘用花岗岩条石嵌饰，以雨棚及门柱上繁密的纹饰突出两个主入口位置。二层则并排开长条小窗，无任何装饰，与一层形成明显对比。

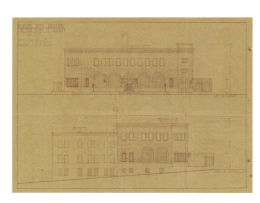

立面图

馆陶路外景

047 青岛篇 英国汇丰银行旧址

旧址建于 1913 年，英国汇丰银行于 1912 年 1 月在青岛中山路 29 号成立分行，1917 年迁入馆陶路 5 号新建成的办公楼。建筑为砖石木结构。地上二层，地下一层，有阁楼。花岗岩蘑菇石砌基，水刷灰黄墙，叠状孟莎式屋顶，上有老虎窗。建筑立面以十字路口为中心向两侧锐角展开，建筑拐角弧度圆润自然，面向馆陶路和吴淞路的立面各有一座山墙，是一座风格简约的德式建筑。属省级文物保护单位。

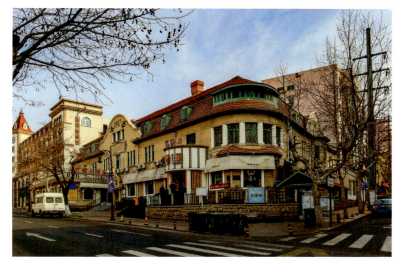

馆陶路街景

048 青岛篇 日本大连汽船株式会社青岛分店旧址

旧址位于馆陶路 37 号，始建于 1927 年，系仿欧"券廊式"建筑。花岗岩蘑菇石砌基，凸形贴面柱间为凹形水磨石墙面，窄长形木窗边嵌石条套边，雕花压条石挑檐。大楼沿两街交叉口处展开立面，主入口位于西南拐角处，做弧形处理。门厅贯通两层，以 2 根巨大的石柱支撑，两侧为同样体量的壁柱装饰，柱头为科林斯式。转角处三层阳台与门厅连接，方柱支撑，外围弧形黑色铁质栏杆。檐口下方刻有石雕花饰。建筑原地上二层，1975 年，在原二层基础上扩建为四层，1995 年改造为现在的五层红顶楼房。属省级文物保护单位。

主入口外观

胶澳海关旧址

胶澳海关旧址，亦称大清国胶海关，位于市北区新疆路16号，建成于1914年，与胶澳帝国法院同属青岛德占时期完成的最后一批公共建筑，为当时青岛最高的办公大楼。其设计师为汉斯·费特考，建筑现为青岛海关办公楼。属全国重点文物保护单位。

建筑主体为四层，设有阁楼和地下室。砖木结构，花岗岩蘑菇石砌基，黄色水刷石墙面，屋面采用大折坡和四坡斜屋顶的组合，覆红色牛舌瓦。窗台板为花岗岩条石砌筑，仿欧洲市镇建筑风格。横向两处侧山墙为德国青年派风格。主入口位于建筑的东南侧面，采用圆柱承重，整个建筑没用过多的装饰，处理得简洁大方。

新疆路外景

圣心修道院旧址

050 青岛篇

圣心修道院旧址位于浙江路 28 号，建成于 1902 年，由慕尼黑建筑工程师贝尔纳茨设计。初为修女院和欧洲人寄宿学院，此后修道院进一步扩建，增设了孤儿部和一个小教堂，1905 年开始招收中国富家女学生。现为山东省海洋仪器仪表研究所办公楼，小教堂也成为职工开会联欢用的礼堂。

修道院表现了典型的德国南部建筑风格。高三层，砖石结构，平面呈"L"形布局。建筑东南拐角为阶形山花装饰墙，左右是对称的巴洛克式塔楼，塔楼顶部为深绿色。花岗岩墙基，立面开长条窗，屋顶红牛舌瓦并开有老虎窗，南立面有山花片墙，楼层中间有外突的横向装饰线条。修道院内有小教堂，名为天主圣心堂，另有教室、餐厅、厨房和大小寝室。

历史照片

外景

051 青岛篇 普济医院旧址

　　普济医院位于市北区胶州路 1 号，建于 1919 年，是日本当局在日本人聚集区建的一座综合性医院，由日本人三上贞设计。医院主楼平面略呈"一"字形，主体为二层，局部三层。建筑立面轴线对称，中部略突，上端为弧线并配以大面积的石墙，两侧转角用方整花岗石砌筑，顶部装饰花状。建筑门厅入口处设挑檐，后侧为一高起的四面歇坡式屋顶，形成轴线的高潮点。楼面简洁干净，具有日本和中国双重建筑风格，粗石贴脸的双联窗是对德国建筑的模仿。

沿街外景

052 青岛篇 三井物产株式会社旧址

三井物产株式会社旧址,简称"三井洋行旧址",位于市北区堂邑路11号,建于1920年。建筑砖石木结构,地上二层地下一层,有阁楼。平面呈L形,大体分西、北两部分,西部为主体。正面西向,中轴线对称,左右墙角各有3根罗马式圆形贴面石柱间凹形水刷石墙面,花岗石砌基,多角折坡绛红色牛舌瓦屋面。入口为4根罗马半圆形贴面石柱,登7级台阶有挑廊,上为半圆式露天凉台。建筑线条流畅,明快而有威严,是日本明治时期的建筑风格。属省级文物保护单位。

正立面外观

德国 GELPCKE 亲王别墅旧址

053 青岛篇

位于沂水路3号，建于1899年，别墅的首位房客是帝国大法官格尔皮克博士，现在为居民楼。该建筑为德式建筑，砖木结构，地上二层，地下一层，有阁楼。平面呈不规则形，北、东面各设一门，楼梯间位于北门门厅处。花岗石勒脚，黄色水刷灰墙，隅石嵌墙角，红瓦多坡屋顶。二层外墙做仿木构架装饰，西南角有高耸的角形塔楼，高约20米，红盔帽式铁皮尖顶，中部隆起四角气窗。

历史照片

沂水路外景

054 青岛篇 礼和商业大楼旧址

旧址位于市南区太平路 41 号，建于 1900 年。礼和公司是德国在中国最大的一家贸易公司，以经营军火生意和重型机械而闻名，此楼是驻青岛办公所在地。

该楼主体二层，有地下室和阁楼。花岗石砌基，墙体为多孔砂浆抹面，折坡屋面。立面中轴对称，主入口居中，上有开敞式券拱观景阳台，白色宝瓶式栏杆，两翼屋顶隆起阶形山花。楼层间及屋檐有凸出墙面的水平装饰线。整体结构严谨，讲求秩序与统一，属欧洲文艺复兴后期的设计手法。

历史照片

太平路外景

丹麦驻青领事馆旧址

丹麦驻青领事馆旧址位于馆陶路28号，建于1913年，由中国设计师张镜芙设计。初为德国洋行，后由丹麦宝隆洋行使用并兼作丹麦驻青领事馆。现作为青年旅馆和咖啡店使用，属省级文物保护单位。

建筑为砖石木结构，花岗石砌基，凹凸面沾灰墙，平面呈不规则形，正门东向。屋顶的变化丰富，多角折坡覆红色牛舌瓦屋面，上开有曲线形的老虎窗。建筑立面朴实，矩形长条窗，房屋转角处做拱形窗，二层转角窗边有立柱装饰。

馆陶路外景

056 青岛篇 中山路 17 号近代建筑

中山路 17 号近代建筑，位于中山路和湖南路的交叉口。建于 1904～1905 年，也称柏伦住宅，曾为《青岛最新消息》报社的办公楼。属省级文物保护单位。

建筑主体二层，有阁楼和半地下室，砖石结构。平面呈"L"形，主入口位于转角处，上面建有八角形塔楼，高四层，顶部建一座盔亭。沿街立面分别饰有三角形山墙，山墙两端和中部饰有精致的小方塔。屋顶铺设红瓦，开大小不一的老虎窗。临街建有 3 米高的红砖圆券式大窗，屋檐采用四分扁圆券洞口，红砖做线脚装饰，砌出墙角隅石；墙面用红色清水砖砌筑，拱窗的顶部和山墙内黄色粉面，形成奢华的立面形象。建筑造型以德国古典复兴样式为主，又融合了折中主义风格。

历史照片

沿街立面外景

057 青岛篇 义聚合钱庄旧址

旧址位于中山路82号，建成于1930年，是山东掖县（今莱州）人王德聚与同乡王振六在青岛合伙开设的义聚合钱庄。1938年日本第二次侵占青岛后，店址被中国联合准备银行占用。现由中信银行使用，属省级文物保护单位。

建筑为砖石木结构，地上三层，有阁楼，红瓦斜坡屋顶，上开有气窗，两端处理成硬山。花岗粗石砌基，一层凹槽花岗石贴墙面，二、三层为淡绿色和白色相间的墙面。主立面东向，中轴对称式布局，正门两旁有2根爱奥尼石柱撑起挑廊，墙面中部凸出，两边凹槽贴石柱直达屋檐，隆起弧形山墙，小三角石装饰压顶，两檐口平直处理，刻有线饰，矩形木窗嵌石条。

主立面外观

058 青岛篇 中国银行青岛分行旧址

中国银行青岛分行旧址位于市南区中山路62号，建于1934年，由中国设计师陆谦受、吴景奇设计，属省级文物保护单位。

建筑为砖石钢筋混凝土结构，地上三层，地下一层，平屋顶。花岗岩大方石砌基，凹槽线花岗石贴面。立面利用长条窗的多种组合形成均衡严谨的构图。主立面东向，花岗石嵌门套，两边墙面为横向细密的凹凸线条装饰。室内大厅高约18米，玻璃钢顶棚，大厅内立柱少，采光佳，二层设"回"字形环厅。整体建筑简洁明快，为现代风格。

银行外景

059 青岛篇 上海商业储蓄银行旧址

上海商业储蓄银行旧址位于中山路68号，建于1934年。建筑师苏夏轩设计，公和兴营造厂承建。建筑为钢筋混凝土结构。地上四层，地下一层，平屋顶。花岗岩大方石砌基，方块形花岗石贴墙面。入口东向，花岗石嵌门窗套，主立面中轴对称，顶部中央隆起折角式山墙，刻有浮雕图案。整体建筑气势庞大，立面简洁典雅。属省级文物保护单位。

正立面外观

060 青岛篇 大陆银行青岛分行旧址

大陆银行旧址位于中山路70号，建于1934年，建筑师罗邦杰设计，新慎记营造厂承建。建筑为钢筋混凝土结构。地上四层，地下一层，平面L形。花岗岩方石砌基、贴墙面，平屋顶。主入口位于中山路、肥城路拐角处，一层拱券形大门，墨色花岗石嵌门套，顶部隆起阶形山花饰以简单刻花图案。一、二层间外墙有带形装饰线条，采用凹凸手法处理临街窗和墙石，檐口线条简单，长条窗采用两联窗的形式竖向布置。建筑体量组合及立面构图追求均衡、对称、稳重，整体风格简洁具有现代主义感。属省级文物保护单位。

银行外景

061 青岛篇 交通银行青岛分行旧址

交通银行青岛分行旧址位于中山路93号，始建于1929年，1931年建成。由中国第一位留美归国的建筑师庄俊设计。曾为联合准备银行青岛分行、中央银行青岛分行，青岛解放后一直为中国建设银行青岛分行。属省级文物保护单位。

建筑为钢筋混凝土结构，花岗岩大方石砌基，凹槽线饰花岗石贴墙，平顶屋面。主入口西向，中轴对称式布局。主立面有4根高科林新圆石柱和两根方形贴面石柱通高三层布局，二层为券形窗，三层窗口设椭圆形石刻花窗台，三层顶部设装饰性檐口，檐上四层中央为四组双柱分隔的大窗，顶部起山花式墙面，形成主立面构图的最高点。整座建筑比例和谐，立面庄重，沉稳典朴，是同期青岛银行建筑的精品之作。

科林斯柱头细部

窗檐细部

正立面外观

062 青岛篇 山东大戏院旧址

旧址位于市南区中山路97号，建于1930～1933年。初为京剧演出场所，后改为电影院。1938年12月，日本人改名为"国际剧院"，专门上映日本电影。1945年8月，国际剧院为青岛保安队接管，易名为"中国剧院"。新中国成立后，仍作为电影院使用。属省级文物保护单位。

建筑为花岗岩大方石砌基，拉毛墙面，平屋顶。建筑平面为矩形，地上四层，地下一层，其中一、二层为观众厅，共有750个座位。主立面西向，一层为虚廊，两边设有售票处和小卖部，入内沿踏步至戏院前厅，两侧有走道楼梯可达二层观众席。立面中轴对称，左右各有三组拱形竖向白条纹装饰的长条窗，檐口女儿墙并排作棱角式装饰。

中山路外观

063 青岛篇 青岛市礼堂旧址

旧址位于兰山路1号，建于1934-1935年，时称"青岛市礼堂"，三四十年代这里一直是青岛召开大型会议和开展文艺活动的重要场所，由郑德鹏设计，美化营造厂施工。现为兰山路音乐厅。

砖石钢混公共建筑，总高14米，地上二层。正门南向，为木制包铜皮大门。正立面中间部分凸出，4根花岗石贴面条纹饰柱将大门分割为三部分，柱头有蝶形雕饰，其上方为4个钝方锥形花岗石装饰，中央为圆形大钟。门厅、内皆铺水磨石地面，厅顶部雕刻有图案。

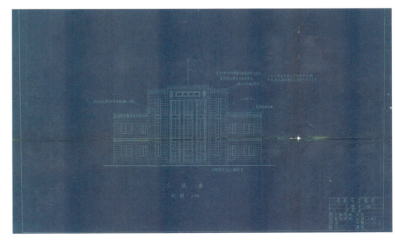
正立面图

兰山路外景

正立面外观

064 青岛篇 总督府野战医院旧址

总督府野战医院（今青医附院）位于青岛市市南区江苏路18号，始建于1898年，至1905年基本完成，是一家德国海军当局为解决驻防部队的医疗救治而设立的医院。经过精心设计和规划的医院建成后，环境优美，建筑错落有致，犹如公共花园。在1990年前后，医院内大量早期的建筑陆续拆除，仅剩今检验楼、门房、院史楼、辅助房四座建筑得以保留。

检验楼为砖石结构的建筑，地上两层，地下一层。建筑呈东西向布局，主入口位于建筑东西两侧。整个建筑以红色牛舌瓦覆顶，以红褐色粗石砌基，勒脚、隅石、窗檐、窗台以红褐色粗石作为装饰，形成较为统一的风格。

历史照片

检验楼

065 青岛篇 安娜别墅旧址

安娜别墅（罗贝特·卡普勒住宅）旧址，又称"刘子山宅第旧址"，位于市南区浙江路26号。始建于1901年。建造者是德国砖瓦生产商罗伯特·卡普勒，他为了纪念爱女遂将新家取名"安娜别墅"。后来为青岛富豪刘子山的府邸。现空置。

建筑是砖木结构，为德国三段式城堡建筑。地上二层，地下一层，花岗石墙基，牛舌瓦折坡屋面，抹灰外墙。外墙为壁柱，二层部分栏杆为宝瓶式栏杆，屋顶红瓦并开有老虎窗。带有山花和拱贴面装饰的窗，南向一、二层突出部分为柱廊式。每个立面门、窗两边皆以花岗岩石柱装饰，山花及墙角皆饰以花岗岩石雕，东侧山花上带有建造年代"1901"的字样。

东南面外观

西北面外观

066 青岛篇 两湖会馆旧址

两湖会馆旧址位于市南区大学路54号，建于1933年，为欧式建筑，地上两层，有阁楼，红瓦坡屋顶，花岗岩基石，花岗岩条石窗台，红色抹灰外墙，转角白色隅石镶边，马牙槽形女儿墙。正立面中央拱券门廊凸出外墙，上起曲线山花，山花饰有红五角星雕刻。

正立面外观

067 青岛篇 总督牧师宅第旧址

总督牧师官邸旧址位于德县路3号，建成于1902年。建筑为砖木结构，基座为花岗石，墙角局部贴花岗石，红瓦坡屋顶，阁楼开老虎窗。立面开窗阔大，采光讲究，形式富于变化。建筑底层有敞开式外廊，西立面起折角式山墙，东立面二楼有接近全挑的木制阳台，南立面有造型别致的装饰性山墙和老虎窗。

德县路外景

068 路德公寓旧址

路德公寓旧址位于德县路4号，建于1907年，是一座舒适、美观的公寓式旅店，设计师库尔特·罗克格，由开办小旅馆的德国侨民海伦·路德女士出资修建。现为税务部门办税服务厅，属全国重点文物保护单位。

德国三段式公共建筑，砖木结构，主体二层，设有地下室和阁楼。花岗石墙基，红色牛舌瓦折坡屋面，屋面正中开有巨大的老虎窗，窗上装饰有6根木立柱和木雕花纹。主入口北向，一层拱门拱窗，二层设有外廊，宝瓶栏杆；北立面以阳台木架构为装饰，简洁而富于变化。

历史照片

正立面外观

青岛啤酒厂早期建筑

069 青岛篇

位于市北区登州路56号，始建于1903～1904年。德侵占时期，英德商人为适应德军和侨民的需要开办日耳曼尼亚啤酒公司青岛股份公司，由德国克姆尼茨市机械厂设计，德国汉堡阿尔托纳区F·H·施密特公司施工。抗战胜利后，由国民政府接管，更名为"青岛啤酒公司"，青岛解放后，定名为"国营青岛啤酒厂"。属全国重点文物保护单位。

建筑群由当时的综合办公用房和酿造生产车间组成，德国青年派风格。建筑都为红色清水砖墙面，红坡屋顶。西边综合办公楼分为A楼和B楼。A楼为砖石结构二层楼房，建筑面积150平方米，花岗石墙基，红瓦斜坡屋面，室内木制扶梯和门套均有简单雕饰；B楼为三层楼房，建筑面积765平方米，红花岗岩墙基，红色清水砖墙，斜坡屋顶。红色厂房是青岛市至今唯一一座保存完整的德国工业建筑。

历史照片

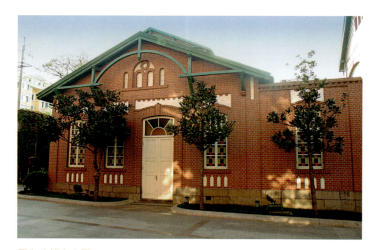

原办公楼东立面

酿造车间北立面

原住宅楼北立面

原综合楼俯视

登州路外景

070 青岛篇 总督府屠宰场办公楼旧址

屠宰场旧址位于青岛市市南区观城路65号，建于1906年，由德国人斯托塞尔设计，今仅存办公楼。建筑为砖木结构，主体二层，有阁楼及地下室。花岗石砌基，黄色抹灰墙，红瓦坡屋顶，正门东向，方形花岗石砌门套，上有尖顶露台凸形封闭式阳台，墙角镶嵌花岗岩隅石。折坡屋面变化丰富，立面装饰讲究、精致。建筑立面饰有红色木构架和红色木檐口，采用砖砌山墙，山墙顶部的悬山博风做成交叉状。该建筑具有欧洲农村庄园式加工作坊的格调。

屠宰场历史照片

观城路外景

071 青岛篇 副税务司住宅旧址

副税务司住宅旧址位于市南区鱼山路2号，建于1900年。该建筑初为胶海关副税务司的住宅。现为青岛海洋世界的办公场所。

德国三段式建筑，地上二层，有阁楼及地下室。大门东向，花岗石引梯。花岗石砌基，南向墙基高约3米，四面红瓦坡屋面。一层转角处设角窗，附以粗花岗石柱及窗檐。

侧立面外观

拐角窗细部

正立面外观

日本商校宿舍旧址

072 青岛篇

日本商校宿舍旧址，也称"日本别墅大院旧址"，位于青岛市市南区鱼山路 36 号，建于 1931 年。后作为山东大学的教授宿舍，童第周、束星北、冯沅君和陆侃如夫妇长期在此居住。

该大院是由五座独立的二层小楼和一处平房组成。这处楼舍是日本人所建，建筑外观是德式风格，内部结构为典型的日式布局。五座小楼又分三种规格，其中以带尖塔的 3 号楼最为讲究，是专为日本中学校长所建；1 号、2 号楼稍逊，但也是楼上楼下为一体的独立单元；4 号、5 号楼又次之。

1、2 号楼外观

日本商校宿舍旧址 3 号楼外观

日本商校宿舍旧址 5 号楼外观

073 青岛篇 玛丽达尼列夫斯基夫人别墅旧址

别墅位于山海关路 21 号,建于 1934 年,砖木结构,地上二层,孟莎式楼顶。由中国建筑师刘耀宸及俄国建筑师拉夫林且夫设计,原业主为俄侨玛丽达尼列夫斯基夫人。1935 年,洪深编剧、胡蝶主演的《劫后桃花》在此别墅取景。

山海关路外景

074 青岛篇 大港火车站

大港火车站位于市北区商河路 2 号，建于 1911 年，是青岛地区唯一保存完整的德国人建胶济铁路时期修建的火车站。

车站为砖石木结构，主体二层，主立面东向，站前设一个小广场。建筑外墙为黄色粉刷砖砌墙体，进出乘客的主入口设两个宽大的券式门洞，周边镶嵌花岗石，两门之上，是阶形山花，上开竖窗。

正立面外观

075 青岛篇 柏林传教会旧址

柏林传教会旧址位于城阳路 5 号，建于 1899 年，是由该会的传教士路切维茨设计。初为德国柏林传教会信义会驻地，现为青岛市立医院分院。

建筑平面为"凹"字形，清水墙面，砖木结构，地上两层，设有阁楼和地下室。整个建筑为双进式，前后都有两座楼梯。主立面设有上下两层各用 10 个红砖圆券支撑的游廊式阳台，并装有简单的扶栏，建筑两端各建有侧翼，翼楼山墙设计简单。楼顶上添修有一堵具有文艺复兴式风格的小型山墙，用作十字架的托座。由于只是实用需要，山墙和整栋建筑相比体量很小，装上十字架后的高度也没有超过屋顶，在同类的教会建筑中很少见。

历史照片

北立面外观

翼楼一

翼楼二

正立面外观

076 青岛篇 车站饭店旧址

车站饭店旧址位于市南区兰山路28号，1901年始建，建成于1913年。20世纪50年代，该建筑为青岛铁路分局宿舍。2001年8月，车站饭店曾遭火灾，修复后用作饭店、商业等用途。

建筑是新巴洛克风格，德国三段式建筑，建筑平面呈折角形，地上二层、地下一层，有阁楼。花岗石砌基，黄色抹灰墙面，白色花岗石刻线贴墙面，红瓦折坡屋面上开有老虎窗，檐部有多个巴洛克式山墙。主入口设在西北拐角处，为面宽不及4米的竖长形，楼体向东、南方向水平展开；二层设有外廊阳台，阳台栏杆上的几何形花格属于晚期哥特形式，饰有鱼鳔纹的图案；主入口上部为凸出外墙的八角形塔楼，顶部为绿盔帽式，引体向上内收为尖顶（2003年修复时改为覆铜金顶）。建筑外墙门窗均由白色花岗岩嵌套。整体造型自由活泼，变化丰富，是青岛著名的街景之一。

历史照片

兰山路街景

077 青岛篇 医药商店旧址

医药商店旧址位于市南区广西路33号，建于1905年，由德国人库尔特·罗克格设计，是青岛市西部老城区最具知名度的地标性建筑之一。曾为一轻局办公楼，现为红房子宾馆。属全国重点文物保护单位。

建筑平面呈矩形，砖石钢木混合结构。檐高18米，墙间装饰方形彩色釉面砖，上刻橡树叶图案。以花岗石装饰檐口、滴水嘴和底部粗短的承重柱。上部两个楼层及两座烟囱所采用的拱形与曲线具有青年风格派的典型特征。南立面主入口顶部巨大的老虎窗上方装饰有欧洲医药协会的行业徽章——蛇缠绕权杖的木雕图案，表明了该建筑的用途。

历史照片

正立面外观

078 青岛篇　黑氏饭店旧址

黑氏饭店旧址位于湖南路 11 号，建于 1901 年。法国建筑风格，高两层，局部三层。花岗石砌基，刻线花岗石外墙，折坡屋面。主立面南向，中轴对称，入口处凸出墙面做折角塔形设计，两翼平檐，转角处各有一尖顶饰柱。登 8 级石阶引梯至一层，入口处 4 根圆石柱角形排列，撑起挑廊，二层为券形窗，三层露台退墙线有弧形山花，中间和两边各有尖顶饰柱。建筑的西南拐角为塔楼，上部建有一个突出的圆顶。整体造型变化丰富，别具一格。

正立面外观

079 青岛篇　三菱洋行旧址

旧址位于馆陶路 3 号，建于 1918 年前，三菱洋行原是日本三菱商事会社青岛支店营业大楼，属省级文物保护单位。建筑为砖石结构，地上三层，花岗石砌基，楼的四角由方形花岗筑成，水磨石墙面，墙体结构以 16 根贴面石柱间置木制落地窗组成。主立面西向，为上下两段的欧洲古典样式。下段 8 根爱奥尼石柱，自基座直达二层檐口，高约 11 米，撑起三层压条石线饰的屋檐。

正立面外观

青岛物品证券交易所旧址

青岛交易所位于大沽路35号，建于1933年，设计师为刘诠法。1935年，青岛交易所的营业达到鼎盛时期，在日本驻青岛领事馆的唆使下，日本商人制造借口寻衅闹事。1937年8月，交易所被迫与取引所合并。新中国成立后，曾作为工业品展览馆，现在为汇丰苑宾馆。

建筑为钢筋混凝土结构，平面呈矩形，花岗石砌基和贴墙面，平顶屋面，主立面西向，南北二层窗外有装饰性矮沿露台。入口处有4根方形凹槽贴面石柱直达五层。局部五层、六层，有高低错落感，楼体墙面有红色面砖，正立面开有竖向带形窗和玻璃幕墙，其他立面主要开矩形窗，在当时为很有现代风格的建筑。

入口立面

大沽路街景

中国实业银行青岛分行旧址

中国实业银行青岛分行位于河南路13号，建成于1934年。设计单位为青岛联益建业华行，设计师为许守忠，申泰营造厂施工，属省级文物保护单位。该建筑钢木结构。原地上三层，1987年主体建筑上加建一层，现为四层，有地下室。正门西向，方形花岗石砌基贴墙，大门两侧为螺纹形和网扣形贴墙石柱，拱形石雕花饰镶门套，浮雕花铜皮大门。一层螺纹形石柱嵌窗边，二层为长方形石饰线套窗。整个建筑为简约的古典风格。

正立面图

河南路外景

下层檐口细部

柱头细部

上层檐口细部

门券细部

大门

窗倚柱

082 青岛篇 金城银行旧址

金城银行旧址位于市南区河南路17号。建成于1935年。设计单位为青岛联益建业华行，设计师为梁华生，申泰营造厂施工。现为市南区中山路街道社区卫生服务中心。属省级文物保护单位。

建筑为钢筋混凝土结构。地上三层，地下一层，方型花岗石砌基，墙体全部用方形花岗石贴面，檐角有石雕花饰。平面为"L"形，主入口面对道路交叉口，顶部设一高耸的仿欧洲古典式钟楼，四面菱形露柱，上覆盔形钢砼浇筑的塔顶。建筑立面采取分段式处理手法，一层为凝重的实墙形式，墙面配以竖向方窗，花岗石墙裙采用横向凹缝作为装饰；建筑的二、三层整体设计，在转角墙面上设5根爱奥尼柱式，顶部为三角山墙。整组建筑华丽、典雅。

河南路街景

柱头细部

山花石雕

立面图

083 烟台篇 蓬莱水城及蓬莱阁

蓬莱水城及蓬莱阁位于蓬莱市蓬莱阁街道迎宾路59号，临海而建，为中国古代军港要塞建筑。蓬莱水城在唐代为登州港。北宋庆历二年（1042年），建"刀鱼寨"。明洪武九年（1376年），将刀鱼寨扩建为水城。明万历二十四年（1596年），在水城土墙外包砌砖石加固，并增筑三处敌台。水城依丹崖山修建，南宽北窄，面积约27万平方米。建筑分为海港和防御两大部分，构成一个严密的海上军事防御体系，是当时驻扎水师、停泊操演、出哨巡洋的军事基地。

蓬莱阁古建筑群占地32800平方米，自唐贞观二年（628年）建龙王宫、弥陀寺始，历经宋、元、明、清等数代修葺，成今日规模。古建筑群共分龙王宫、天后宫、蓬莱阁、上清宫、吕祖殿等五大部分。另有子孙殿、澄碧轩、避风亭、卧碑亭、苏公祠、普照楼、胡仙堂等单体建筑。蓬莱阁中存有大量国家级珍贵文物，如汉鹿碑、北宋苏轼海市诗刻石、明朝董其昌手书刻石等。属全国重点文物保护单位。

蓬莱水城

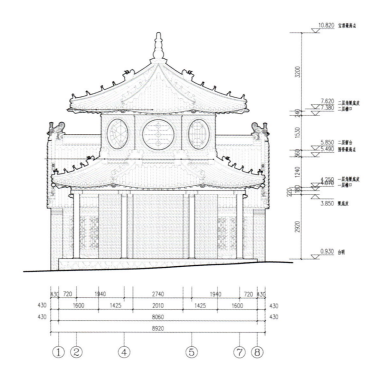

宾日楼北立面图

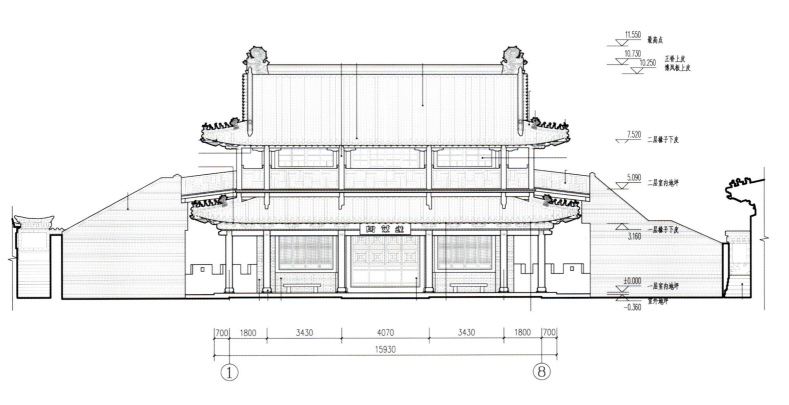

蓬莱阁正立面图

水城防御海港

振阳门

蓬莱阁大殿

蓬莱阁建筑群

丹崖山远景

084 烟台篇 牟氏庄园

牟氏庄园位于栖霞市庄园街道古镇都村，始建于南宋建炎二年（1128年），是一处享有"中国民间小故宫"雅称的古建筑群，集中国历史文化、建筑文化、民俗文化之大成。庄园占地2万平方米，房屋480余间，分3个单元、6个居住单位，分别由牟墨林的6个孙子居住。居住单位各有自立堂号，坐北朝南，均沿中轴线建门厅、客厅、寝室及厢房等，构成多进院落，以南北通道连贯诸院。每单元又以群厢或围墙相密封，结为整体四合院。其建筑均为清式举架，木砖石结构，以泥质鱼鳞瓦覆顶。房舍排列整齐，布局方正，具有典型的北方民居特点。属全国重点文物保护单位。

牟氏庄园全景

庄园大门

院落

085 烟台篇 烟台福建会馆

烟台福建会馆又称天后行宫,坐落于烟台市芝罘区毓岚街2号,始建于1884年(清光绪十年),落成于清光绪三十二年(1906年),是由福建船帮商贾集资修建的一座供奉海神娘娘(天后圣母)的封闭式古典寺院建筑,为我国北方唯一的具有闽南风格的天后宫。布局坐南面北,沿中轴线对称的三进庭院,由大门、戏楼、山门、大殿、后殿及左右廊庑组成。砖木结构,以闽南的雕刻见长,承袭了乾隆以后的建筑风格,繁缛细腻,富丽堂皇,号称"鲁东第一工程"。属全国重点文物保护单位。

福建会馆鸟瞰

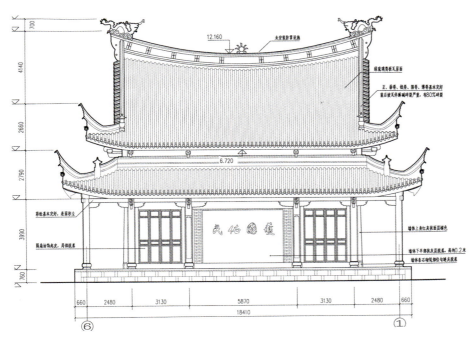

天后圣母殿立面图

天后圣母殿

086 烟台篇 胶东革命烈士陵园

  胶东革命烈士陵园坐落在山东省栖霞市桃村镇西5公里、国家级森林公园——牙山前怀的英灵山上，始建于1945年春，原称英灵山烈士陵园，属胶东区直接管理，1989年正式更名为胶东革命烈士陵园。陵园建筑掩映于苍松翠柏之中，四季常青，占地760亩，建筑面积4716.5平方米，陵园坐北朝南，由中、东、西三路组成，计有文物建筑311处，其中包括纪念塔、纪念堂、烈士陵墓及纪念碑、亭、石坊等，碑亭林立，肃穆庄重。属全国重点文物保护单位。

胶东抗日烈士纪念塔

烈士纪念堂外观

陵园大门

087 烟台篇 张裕公司原址

张裕公司原址位于山东省烟台市芝罘区大马路56号。1892年由南洋华侨张弼士创办，是中国最早的葡萄酒厂家。主要建筑包括厂房、酒窖、办公室、营业室、经理住宅、员工宿舍等。1992年、2013年分别被公布为省级、全国重点文物保护单位。该址沿用至今，仍为张裕葡萄酒公司厂址的一部分。现主厂区已迁至世回尧路西侧的新厂，地下酒窖仍在使用。目前该址已经复原改造，按规划建设张裕历史和酒文化博物馆。属全国重点文物保护单位。

张裕公司大门

大门石雕

影壁墙

酒窖

088 烟台篇 虹口宾馆近代建筑群

　　虹口宾馆近代建筑群位于烟台市芝罘区虹口宾馆内，建于20世纪30年代，建筑群包括11组优秀建筑，多为近代中外私人住宅，现为虹口宾馆使用。虹口宾馆近代建筑群，以独立式住宅为主，建筑多为2层，既有浓厚英国田园风格的建筑，也有的建筑在采用石墙面的同时，采用中国传统的小青瓦四坡屋面，呈现出中西合璧的建筑形象。

1　虹口宾馆8号楼
2　虹口宾馆9号楼
3　虹口宾馆11号楼
4　虹口宾馆12号楼
5　虹口宾馆7号楼
6　虹口宾馆10号楼
7　虹口宾馆18号楼
8　虹口宾馆5号楼
9　虹口宾馆6号楼
10　虹口宾馆4号楼
11　虹口宾馆1号楼

平面位置图

建筑群鸟瞰

1号楼

6号楼

7号楼

8号楼

9号楼

10号楼

18号楼

11号楼

12号楼

089 烟台篇 海军航院近代建筑群

海军航院近代建筑群位于烟台市芝罘区东海大院，建于19世纪末20世纪初，该建筑群包括13组优秀建筑，多为近代教会学校及英美侨民住宅。1881年，中国内地会学校在此创办，这是由英国传教士创办的，是专为在中国的传教士子女设立的学校。烟台启喑学校1887年建于蓬莱，1898年迁来烟台，在此设校，这是中国第一所聋哑学校。此外，烟台开埠后，外国商人、传教士纷纷来到烟台从事各种活动，他们也多在这里建房居住。现为海军航空工程学院驻用。这些建筑以独立式住宅为主，建筑多为二层，咖啡花岗石墙面，红瓦坡屋顶，在北向山坡上依山而建，面向大海。面海的一面都设有开敞的外廊，建筑具有浓厚的田园别墅风格。

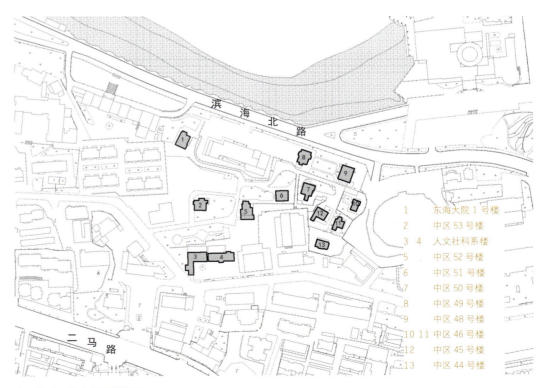

1	东海大院1号楼
2	中区53号楼
3 4	人文社科系楼
5	中区52号楼
6	中区51号楼
7	中区50号楼
8	中区49号楼
9	中区48号楼
10 11	中区46号楼
12	中区45号楼
13	中区44号楼

海军航院近代建筑群位置图

1号楼

43号楼

44号楼

46甲号楼

48号楼

48号楼入口面

49号楼

51 号楼

52 号楼

53 号楼

启暗学院

启暗学院

中区 50 号楼

090 烟台篇 烟台山周围近代建筑群

烟台山位于烟台市芝罘区北端,东、北、西三面临海,南靠繁华的朝阳街。总占地面积 24 公顷,海拔 42 米。烟台山是烟台市名的发源地,是烟台的标志和象征。明洪武三十一年(1398 年),为加强海防,防备倭寇,把狼烟墩台(即烽火台)设置于山巅,故名烟台山,城市名称亦源于此。

1　丹麦领事馆旧址
2　龙王庙
3　忠烈祠
4　日本领事馆宿舍旧址
5　东海关制员宿舍旧址
6　东海关发讯台旧址
7　东海关税务司官邸旧址
8　东海关副税务司官邸旧址
9　英国领事馆旧址及附属建筑
10　美国海军基督教青年会旧址
11　交通银行烟台支行旧址
12　美国领事馆旧址
13　烟台联合教堂旧址
14　土美洋行旧址
15　汇丰银行旧址
16　中国银行烟台支行旧址
17　法国领事馆附属建筑
18　茂记洋行旧址
19　烟台邮政局旧址
20　美孚洋行旧址
21　芝罘俱乐部旧址
22　英商卜内门洋碱有限公司旧址
23　东海关税务司公署旧址
24　德国邮局旧址
25　克利顿饭店旧址
26　顺昌商行旧址
27　挪威领事馆旧址
28　意大利领事馆旧址
29　烽火台

烟台山平面位置图

1861年，根据中英、中法签订的不平等《天津条约》，烟台被辟为通商口岸，成为中国北方最早开埠城市之一和山东省最早的通商口岸。先后有英国、美国、法国、德国、日本等17个国家在烟台山及其周围建立了领事馆、洋行等办事机构及众多别墅等。20世纪初至20世纪30年代，烟台山及其周围已形成了规模庞大的近代建筑群体。此外，山上还有烽火台、龙王庙、忠烈祠、抗日烈士纪念塔、纪念亭及众多刻石等文物遗迹。烟台山近代建筑群近30座，总建筑面积15137平方米。建筑风格各异，时代气息浓郁，保存完好。烟台山周围近代建筑群，有亚洲现存最早的英国殖民地"外廊式"建筑，有古典式、中西合璧式、英国早期公寓式等建筑，堪称近代建筑的宝库。烟台山近代建筑群汇集了不同国家的不同建筑特色，是中国半殖民地半封建社会的缩影和见证，已成为研究中国近代建筑史、中西文化交流史和中国近代社会发展史珍贵的实物资料，具有重要的历史、艺术和科学研究价值。

1. 丹麦领事馆旧址：建于1890年，位于烟台山西领事路北端，是烟台山口距海岸最近的外国建筑。整体为石结构，共三层，其中地面以上两层。建筑外观为古城堡式，墙面全部采用较粗犷的类似咖啡色的花岗岩毛鼓石砌筑，屋顶为登临式平台，石包护栏，栏柱也均为石块砌筑。

1. 丹麦领事馆

2. 龙王庙：始建于明代，砖木结构的瓦房，是当地人为祈雨保丰年而修建，迄今已有数百年历史。
3. 日本领事馆宿舍旧址：建于1938年，四层砖混结构，平顶，建筑造型为简单的几何体组合，为近代建筑设计风格。
4. 东海关职员宿舍旧址：位于烟台山西领事路。1862年2月，登莱青道由莱州迁到烟台，东海关正式成立并对外行使权力。1863年，作为国家主权之一的东海关大权，落于英国人汉南之手，他在烟台山下海关街南段的路西6号修建了东海关税务司公署办公楼之外，还在烟台山西领事路建有外国职员公寓，专为外国海关职员提供住宿之地。

2. 龙王庙

3. 日本领事馆宿舍旧址

4. 东海关职员宿舍旧址

5. 东海关税务司官邸旧址：建于1863年，砖木结构，四面坡瓦屋顶，四周设外廊，室内木地板，天花吊顶，有壁炉，建筑面积514平方米，属于典型的英国亚洲殖民地外廊式建筑。现为冰心纪念馆。

6. 东海关副税务司官邸旧址：汉南建于19世纪末。其豪华程度和建筑风格均居周围建筑之首，尤其该建筑半圆形外突部分以及廊窗、大门、屋顶和上面阁楼处理手法和装饰风格使楼房更加突出了西方建筑特色的典雅之气。

5．东海关税务司官邸旧址

6．东海关副税务司官邸旧址外景

6．东海关副税务司官邸旧址正立面

7. 英国领事馆旧址：位于芝罘区山东路15号，始建于1861年，于1864年建成。其主体建筑是砖石结构的平房，该建筑采用本地建筑材料，造型朴实大方，建筑处理简洁，是近代亚洲英国殖民地式"外廊式"典型建筑。

7. 英国领事馆附属建筑旧址

7. 英国领事馆旧址

8. 美国海军基督教青年会旧址：建于1921年，二层，砖木结构，两坡顶有阁楼，拱形狭长门窗，正立面有砖柱五跨拱券形成外廊，建筑面积约800平方米，是美国海军在烟台的休闲娱乐场所之一。

9. 美国领事馆旧址：建于1863年8月，共两幢，东侧馆址为砖木结构，不规则设计，显得高雅明快；西侧的领事馆官邸为方形平台，地上二层楼房，设有东南双面外连廊、四坡顶带阁楼、清水墙面、乳白色窗户，具有欧洲古典主义的建筑风格。现在美国领事馆官邸旧址作为"烟台开埠陈列馆"开放。

8. 美国海军基督教青年会旧址

9. 美国领事馆官邸旧址

9. 美国领事馆旧址

10. 联合教堂旧址：是烟台开埠后英国人在烟台山上开办的一所专为外国人（特别是专为英国人和美国人）使用的基督教礼拜堂。其建筑基本突出了欧洲的建筑艺术风格，屋顶建有阁楼，其顶部立有十字架标志，目前已被辟为"烟台建设成就展览馆"。

11. 士美洋行旧址：建成于1934年，是砖石结构的二层楼房。整个建筑平顶，木屋架，除了一层腰线下墙体为大石块错缝砌筑外，其余墙面均为砖体。一层中央大门两旁设计有两条方形通体垛柱，顶端砌有"山"字形装饰，使整体建筑外观显得庄重、大方和明快。

10. 联合教堂旧址

12. 汇丰银行旧址：坐落于烟台市芝罘区海关街，建于1921年，由德成营造厂建造。其建筑特点属近代亚洲殖民地式的早期建筑形制，坐西向东，建筑平面呈方形，砖木结构的平房，四面坡青瓦屋顶。沿街的前半部分为营业室，外有券廊，后半部为库房，其券廊为砖砌拱，饰有线角边带。

13. 中国银行芝罘支行旧址：位于芝罘区海关街33号，始建于1913年。其前身为清光绪三十一年（1905年）创立的户部银行，1908年改为大清银行，在烟台设立支行。辛亥革命后大清银行改组中国银行，烟台支行也随总行改称中国银行烟台支行。

11. 士美洋行旧址

12. 汇丰银行旧址

13. 中国银行烟台支行

14. 烟台邮政局旧址：为砖石结构的二层楼房，主体建筑带有17世纪法国古典主义风格，七开间的立面对称布置。居中主入口两侧采用了多立克柱式，上方窗户两侧亦装饰柱式，屋顶上方为方形套三角形山花，正中留白书写邮局名称。屋顶女墙采用宝瓶式栏杆。东西两间是次入口，上方有垂花装饰，屋檐和一、二层交接处的线脚丰富、增强了水平方向的稳定感，立面上各开间之间用方形壁柱切割，具有高耸的感觉，整座建筑既稳重又庄严。

15. 芝罘俱乐部旧址：位于海岸路西端，东临大海，北依烟台山，始建于1865年。系外国侨民在烟台开设的娱乐场所，又称外国总会，初为平房数间。1913年由英籍基督教牧师卜尔耐特设计，改建成现存之三层楼房。木石结构，建筑面积3100平方米，顶覆红瓦，屋面附设老虎窗。

14. 烟台邮政局旧址

15. 芝罘俱乐部旧址

16. 德国邮政局旧址：位于海岸街18号，为二层方形砖混建筑，圆弧墙角，曲面山墙，圆拱门窗。建于1900年，为清水青砖墙，门窗用红砖砌线角，坡屋顶青瓦起脊，圆拱形的转角山花。
17. 东海关税务司公署旧址：位于芝罘区海关街6号，修建于1863年。公署内主体建筑是中西合璧的二层楼房，砖石结构，主楼16间，呈东西向，楼下东西两门有门廊，廊上有平台，光绪二年（1876年）九月十三日，北洋大臣李鸿章与英国公使威妥玛在此签订《烟台条约》。
18. 克里顿饭店旧址：位于芝罘区海岸街，四面坡铁皮瓦屋顶，一层转角大门外出拱券，支托二层凉台。墙角、山花、门窗均为弧形。1924年孙中山下榻于此，并在这个小凉台上发表救国演说。

16. 德国邮局旧址

17. 东海关税务司公署旧址

18. 克里顿饭店旧址

19. 顺昌商行旧址

19. 顺昌商行旧址：位于芝罘区朝阳街44号。建筑主体二层，红瓦坡屋顶，平面呈"L"形，主入口位于转角处，两侧有圆柱形欧式壁柱，上面饰有云阶形山墙。临街为方形大窗，红砖做线脚装饰，墙面用米色清水砖砌筑，方石砌基。

20. 挪威领事馆旧址：于1904年建成，为两层砖木结构楼房，对称式布局。底层石砌高台屋基，青色清水砖外墙处理成图案状，几何图形组合，疏密有致。屋顶较陡，有阁楼，其阁楼为尖顶外凸式，正好与下方入口的内凹形成对比。阁楼为木屋架外饰，在阁楼尖顶四周及下边的构件上还施雕饰，至今保存完好。

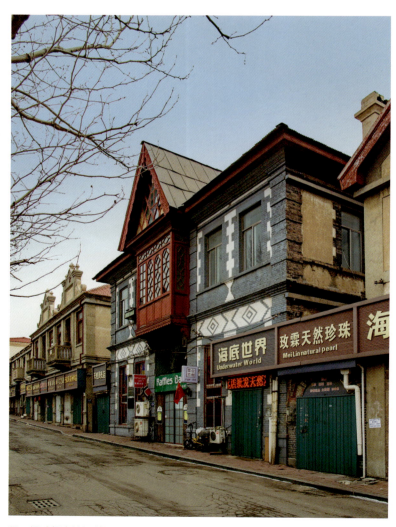

20. 挪威领事馆旧址

21. 意大利领事馆旧址

21. 意大利领事馆旧址：位于东太平街36号，建筑主体二层，红瓦孟莎式坡屋顶，五开间，主立面对称布置。居中主入口为弧形，4根多立克柱式撑起上方半圆形墙体，上以半圆女儿墙采用宝瓶式栏杆装饰。
22. 烽火台：明洪武三十一年（1398年），为加强海防，防备倭寇，把狼烟墩台（即烽火台）设置于山巅。

22. 烽火台

091 烟台篇 广仁路 23 号住宅

位于烟台市芝罘区广仁路 23 号。广仁路始建于清咸丰元年（1851 年），比烟台开埠早 10 年，广仁路两侧的建筑，均为二层西式或中西合璧式楼房，其中 23 号建筑为三单元联排西式住宅，主体两层，带阁楼，红瓦坡屋顶开有阔大老虎窗，棕红色石材满顶砌筑，主立面每个单元老虎窗下凸出三折墙体。整个建筑造型紧凑，高雅大方，美观实用。

西立面外观

北立面外观

092 烟台篇 哈根住宅

哈根住宅位于烟台市芝罘区大马路115号，建造于1920年，外廊式陡坡屋顶，石木混合结构，主体二层，局部三层，带阁楼老虎窗。外墙均为咖啡色花岗岩石材砌筑，木制屋架，门窗，东北角有平台柱廊，可眺望海景，建筑带有浓郁的英国田园别墅风格，是研究烟台开埠后英国民居的重要实物资料，哈根住宅现为烟台市市政养护管理处使用。

大马路外景

东北面外观

093 烟台篇　生明电灯公司旧址

生明电灯公司旧址位于烟台市芝罘区广仁街 21 号，是烟台市首家电力生产企业，创建于 1913 年，1945 年更名为烟台电力公司。发电厂建在华丰街南，占地 47 亩，拥有两台英制 100 千瓦发动机和两台 6 吨单体卧式锅炉，1914 年 5 月 1 日正式发电。从此，烟台人告别了豆油等、煤油灯，进入用电灯照明的时代。此后公司不断增加发电设备，提高电力生产，提供工业用地，促进了烟台工业的发展。

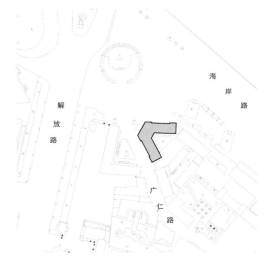

平面位置图

西立面外观

北立面外观

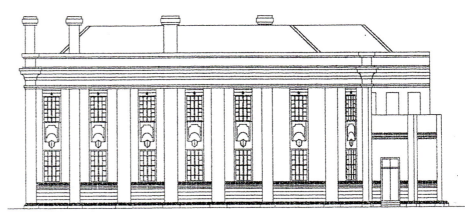

北立面图

内庭院景观

岩城洋行旧址

岩城洋行旧址位于芝罘区顺太街16号，建于20世纪初。受当时欧洲现代主义建筑设计思潮的影响，该建筑摆脱了传统建筑设计形式的束缚，追求体量、空间和无装饰的整齐外观，明显带有现代主义风格。该建筑坐北向南，二层砖石结构，四面楼房中间是天井，总面积840平方米左右。在设计方面运用了与烟台山上的日本领事馆相同的手法，以简单的几何体组合手法，室内分配合理，外部完全没有装饰，体型纯净，强调建筑物的比例，墙面和窗子的关系，完全区别于折衷主义建筑形式，这在烟台保留的近代老建筑中并不多见。同时，外墙的陶片贴面在烟台新建筑风格中也属于较早的运用实例。

南立面外观

顺太街外景

095 烟台篇 金城电影院

金城电影院位于烟台市芝罘区朝阳街79号，建于1933年，由英国人经营，于1935年1月营业，由一个酒店改造而成。专映英、美等国的影片，观众多为英、美等国的侨民及洋行职员等。1940年停业。其后该电影院名称几经变动，1951年改名新中国电影院，1995年改造为新中国迪斯科广场至今。

南立面外观

正立面外观

金贡山住宅旧址

金贡山住宅旧址位于烟台市芝罘区大马路61号，建于20世纪初，原为住宅。1958年原烟台市委统战部驻此。民盟烟台市支部和工商联烟台市委员会先后以此做办公地点。

正立面外观

《胶东日报》社旧址

东楼北立面外观

《胶东日报》社旧址位于烟台市芝罘区虹口路8号，建于19世纪末20世纪初。建筑为二层石木混合结构，平面近似方形，主入口在南向，北面观海设观海敞廊。咖啡色花岗石墙面，经瓦坡屋顶，具有浓郁的英国田园建筑风格。现为中国科学院海洋研究所使用。

虹口路街景

098 烟台篇　新陆商行旧址

新陆商行旧址位于烟台市芝罘区广仁路 24 号，建于 20 世纪初。新陆商行由中国人创办，是经营刺绣、花边生产的进出口企业。旧址分南北两个楼，均为二层砖混结构，有地下室，四坡红瓦屋顶，有阁楼、老虎窗。

广仁路外景

099 烟台篇　基督教浸信会教堂旧址

位于芝罘区大马路 35 号，建造年代 1916 年。坡屋顶哥特式窗，石木混合结构，建筑平面呈矩形，红瓦两坡屋顶，梁为木构三角架分三层，依下而上作收分处理，加大了近距透视效果。墙体为咖啡色花岗岩石砌结构，房顶呈尖形，窗户呈半圆拱长狭长状，具有哥特式风格，大厅内有讲坛，楼池，围绕南部讲坛，三面边侧设二层侧楼廊，整个建筑具有浓厚的宗教建筑特色。属省级文物保护单位。

大马路外景

黄燕底水库大坝（连拱坝）

黄燕底水库大坝（连拱坝）位于栖霞市翠屏街道办事员处黄燕底村西南约1公里处，是我国第一座大跨度连拱坝，建于1966年11月，1973年5月建成，开创了不用拱模施工、倾斜式连拱坝的先例。正常蓄水水面面积：0.2平方公里；总库容199.34万立方米，全长69米，实用工日39.5万个，投资38.2万元，完成土沙方8.2万元立方米，浆砌石5万立方米。砌石连拱坝位于大坝中部，最大坝高30.5米，长153米，全部由石头和水泥砌成。坝型为黏土心墙坝与砌石连拱坝。兴利库容250万立方米，灌溉面积9020亩。1973年，在西班牙世界大坝会议上，各国水利专家给予它高度评价；同年8月，在全国基本建设展览会上作了模型展出；1978年7月，砌石连拱坝技术受到中共山东省委表彰。

大坝近景一

大坝近景二

大坝正立面外观

大坝鸟瞰

101 烟台篇 崇正中学旧址

崇正中学旧址位于烟台市芝罘区大马路109号，建造年代为1913年，是1931年天主教方济各会在烟台创办的男子中学。外廊式坡屋顶建筑，砖木结构，主体二层，局部塔楼三层。平面近似方形，布局灵活实用，南北西侧均有柱廊。塔楼柱脚、门窗套均用清水砖墙砌筑，装饰感强。木制门窗、屋架、红瓦屋面、塔楼尖顶设有老虎窗。整体建筑风格简洁明快。建筑原为崇正中学教学楼。属省级文物保护单位。

崇正中学外景

外廊顶棚

阳台局部

烟囱

外楼梯铁艺栏杆

正立面外观

烟台刺绣商行旧址

烟台刺绣商行旧址位于烟台市芝罘区广仁路46号，建造年代1910年，外廊式坡屋顶，石木结构，二层楼房，平面呈方形，四面坡红瓦屋面，木制屋架，外墙为咖啡色花岗岩石材砌筑，英美式木制提拉窗南侧有石砌柱廊，二层走廊木制栏杆，正门南向，北侧有便门，整体建筑风格厚重。

西南立面外观

103 潍坊篇 十笏园

十笏园,又称"丁家花园",位于潍坊市潍城区胡家牌坊街49号,始建于明代,潍县首富丁善宝于清光绪十一年(1885年)购得后扩建为如今规模。整个庭院坐北向南,青砖灰瓦,主体是砖木结构,因占地较小,喻若十个板笏之大而得名。整体布局为南北两院夹一花园,由中、西、东三条古建筑轴线联系,设计精巧,在有限的空间里呈现自然山水之美。园中楼台亭榭、假山池塘、客房书斋、曲桥回廊等建筑无不玲珑精美,共34处,房间67间,布局严谨、疏密有致、错落相间,集我国南北方园林建筑艺术之大成,属全国重点文物保护单位。

入口

庭院

104 潍坊篇 真教寺

真教寺位于青州市云门山办事处东关昭德街84号，创立于大元大德六年（1302年）。真教寺坐西朝东，三进院落。由低到高，拾级而上。主要建筑大门、二门、礼拜殿、望月楼（宣礼楼）排列在一条东西中轴线上，配殿左右对称。主体建筑礼拜殿坐落在1米多高的台基上，由36根圆柱构成环绕抱厦。由前殿、中殿和望月楼组成，三者以"勾连搭式"加大纵深。殿顶是由前中殿两歇山顶连接后阁楼下层构成，气势雄伟。前殿、中殿均为单檐歇山式，斗栱梁枋朱漆彩绘。后阁楼上接望月楼，与中殿相连，后阁突出壁龛。院内古柏银杏点缀，碑刻林立，给人以幽深肃穆之感。属全国重点文物保护单位。

外檐砖雕

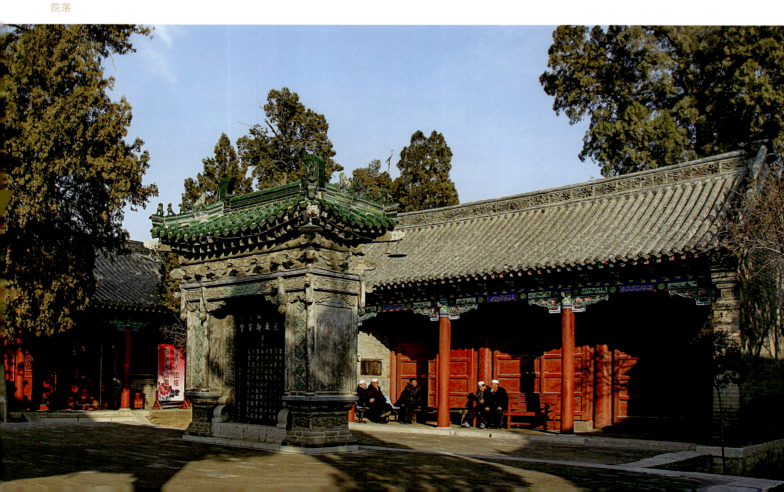

院落

319 / 鲁东卷

大门

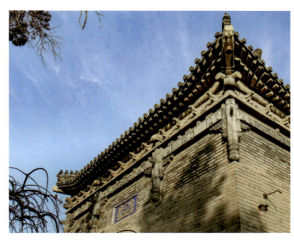

屋檐局部

乾隆碑刻

衡王府石坊

衡王府石坊，俗称"午朝门"，位于青州市玲珑山南路4318号山东省益都卫生学校院内，建于嘉靖年间（1522～1566年），是仿北京皇宫的明衡王府仅存的地上建筑。石坊有两座，坐北朝南，均为四柱三门式结构，南北相距43.5米，尺寸一样大小，均为32块巨石构筑而成。石柱南北两侧镶有圆雕蹲龙，每坊8尊。中门上方各嵌巨石匾额，皆剔地阳文楷书，南坊为"乐善遗风"、"象贤永誉"，北坊为"孝友宽仁"、"大雅不群"，匾额四周均饰浮雕二龙戏珠图案。石坊的设计、构图、艺术表现手法与北京皇家的建筑风格相近，属全国重点文物保护单位。

柱础石刻

石坊外观

106 潍坊篇 杨家埠年画作坊

位于寒亭区西杨家埠村，是中国印刷木版年画早期的用房。现在该村仍保留"吉兴号"、"恒顺号"两家旧作坊的原有建筑。属省级文物保护单位。

吉兴号是吉兴画店主人杨子强于明代崇祯十三年（1640年）所建，清代、民国重修，院落占地面积239.4平方米，北屋五间，腰屋三间，南屋三间，砖木石结构。主体结构基本保持原貌，架梁和基础较好，局部瓦件脱落。

恒顺号，是清代乾隆年间画店主人杨美所建，筑土赤台建院，大门向南，门前十五层石制台阶，俗称高大门，院落占地面积390.5平方米。砖木石结构，北屋五间，南屋五间，东西厢房各三间，门旁、窗下多有精雕砖刻。

砖雕

恒顺号外景

吉兴号外景

恒顺号"高大门"

吉兴号大门

照壁

屋脊

杨家埠年画作坊院落

杨家埠年画作坊杨氏祠堂

107 潍坊篇 关侯庙

关侯庙坐落在潍城区胡家牌坊街十笏园西北角,始建于北宋年间,基座高5米,面积148平方米,青石砌台。历史上有过元天历二年(1329年)和清康熙十五年(1676年)两次重修。庙西原有孔北海祠,祀北海相孔融。庙区原有元代石牌坊,前殿、后殿,厢房3间,庙区东南有钟楼。建筑大部已毁,仅存正殿和孔融祠。2012～2014年,政府拨款对关侯庙进行保护性抢修,"修旧如旧",基本恢复之前的规模及建筑形制。属全国重点文物保护单位。

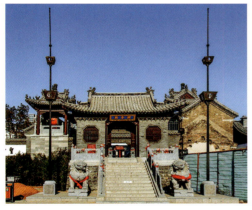

山门

内院

外景

刘公岛甲午战争纪念地

108 威海篇

刘公岛甲午战争纪念地，位于威海市威海湾内，刘公岛北陡南缓，东西长 4.08 公里，南北最宽 1.5 公里，最窄 0.06 公里，海岸线长 14.95 公里，面积 3.15 平方公里，最高处海拔 153.5 米，与辽东半岛的旅顺共扼渤海咽喉。曾是甲午战争的指挥营，上有清朝北洋海军提督署、水师学堂、丁汝昌寓所、古炮台等甲午战争遗址，还有众多英租时期遗留下来的欧式建筑，素有"东隅屏藩"和"不沉的战舰"之称。岛上现存十七处甲午战争遗址及甲午战争博物馆等，为全国重点文物保护单位。

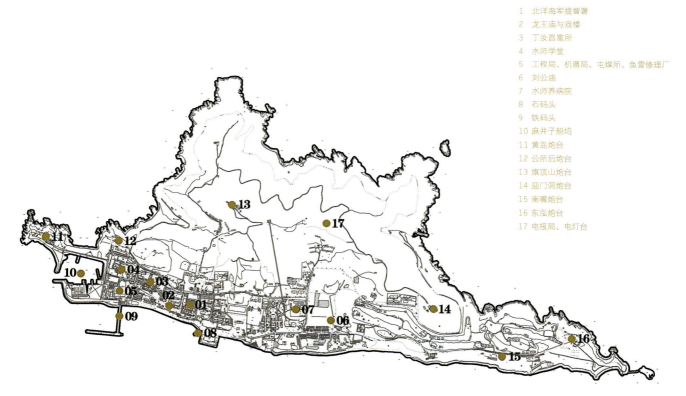

1 北洋海军提督署
2 龙王庙与戏楼
3 丁汝昌寓所
4 水师学堂
5 工程局、机器局、屯煤所、鱼雷修理厂
6 刘公庙
7 水师养病院
8 石码头
9 铁码头
10 麻井子船坞
11 黄岛炮台
12 公所后炮台
13 旗顶山炮台
14 迎门洞炮台
15 南嘴炮台
16 东泓炮台
17 电报局、电灯台

刘公岛平面位置图

1. 北洋海军提督署：又称水师衙门，建成于 1889 年。大门三开间，提督署按中轴线建前、中、后三进院落，每进有中厅、东西侧厅和东西厢房；东、西两路有长廊贯通南北，各厅、厢、院落之间，廊庑相接，浑然一体；院内东南角有中西合璧演武厅一座。

1. 北洋海军提督署内庭

1. 北洋海军提督署鸟瞰

2. 龙王庙和戏楼：始建于明末清初，现存建筑系北洋海军时期重建。整座建筑古朴典雅，呈四合院布局。由戏楼、正门、前倒厅、正殿、东西厢房组成。

2. 戏楼

2. 龙王庙

3. 丁汝昌寓所：又称"小丁公府"。寓所建筑为砖木结构，坐北朝南，仿照丁汝昌在安徽巢湖汪郎中村的故居布局，分左中右三跨院落。中跨院为四合院式，有正厅、东西厢房和倒厅，院内丁汝昌亲手栽植的一株百年紫藤。

3. 丁汝昌寓所大门

3. 丁汝昌寓所院落屏门

3. 丁汝昌寓所院落

4. 水师学堂：建于1890年，甲午战争中遭战火损毁严重；1898～1938年英租时期，在学堂前部范围内增建了海军军官住宅、海军军官食宿处、海军陆战队营房等建筑。学堂周围环绕石砌堞墙和围墙，建筑依坡势自南向北逐渐抬高，今存照壁、小戏楼、东西辕门、堞墙和三栋英租时期建筑。

4．水师学堂大门

4．水师学堂英海军军官住宅

4．英海军军官食宿处

4．水师学堂英海军陆战队营房主立面

4．水师学堂英海军陆战队营房外景

5. 刘公庙：始建于明朝末年，1889年，驻岛北洋护军统领张文宣主持重修，占地面积1000多平方米。砖木举架结构，建正门倒厅、前殿、后房二进，分别配以东西厢房。

6. 水师养病院：位于北洋海军提督署东约1500米，为北洋海军官兵的医疗机构。医院原占地27亩，建大小房屋108间，及走廊、围墙等。主要建筑毁于甲午战争及英国租借期间，今遗址大概尚存。

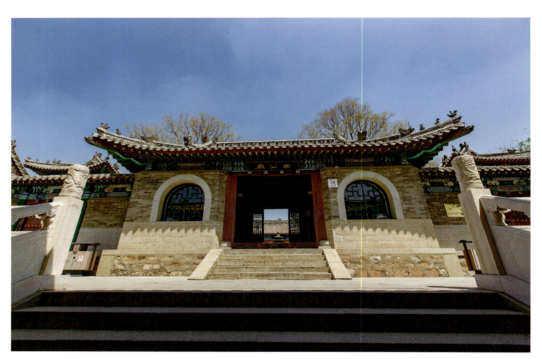

5．刘公庙

6．水师养病院

7. 石码头：在北洋海军提督署东南约 100 米处。整体用大方石块砌成，先向南入海约 20 米，再折向西南约 35 米，呈 130 度角。码头下宽上窄，面宽 7.7 米，平均高出海平面约 2.4 米。
8. 铁码头：平面呈"T"字形，长 205 米，宽 6.9 米，水深 7 米，墩桩"用厚铁板钉成方柱，径四五尺，长五六丈，中灌水泥，凝结如石，直入海底"，坚实耐用。铁码头栈桥铁轨与屯煤所、工程局、机器局、鱼雷修理厂相连。

7. 石码头

8. 铁码头

宽仁院旧址

宽仁院旧址，位于环翠区海滨北路南段的西侧，始建于1902年，由两组英式木骨石砌建筑组成。建筑形制属西式建筑，具有典型的西方文艺复兴式建筑风格，附属建筑露石台别墅为英国民居式建筑，外墙饰以五彩石块和白色百叶窗，显得古朴大方。宽仁院坐西朝东，英式砖石木结构。主建筑天主教堂二层，平面呈"Y"字形，四阿顶，东侧和南侧有天窗、回廊；附属建筑四阿式大屋顶，有天窗、回廊和八角形的花厅。属全国重点文物保护单位。

露石台东立面外观

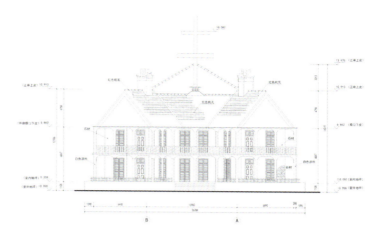

主楼东立面图

主楼东立面外观

宽仁院露石台南立面外景

宽仁院主楼外景

110 康来饭店
威海篇

康来饭店，位于刘公岛上，建于1898年，是刘公岛上现存较大、保护完整的欧式建筑。它占地1.4公顷，于1933年和1934年将其由平房改建为现在的楼房。整个建筑分上下两层、左右对称、斜坡屋顶，体现了中西方建筑的完美结合。门廊由混凝土柱支撑，二楼门廊上有木质栏杆，后来粉刷成乳白色，混凝土柱顶端用木质材料装饰并刻有花瓣图案。一层有13个房间，两侧各一个通道，通向后院。由两侧的通道通往后院，映入眼前的是一棵参天大树和翠绿的草坪。后院呈凹字形平面，也建有上下两层的楼房，和主体建筑相连。通道的前门是中式的方形门，后面是西式的拱形门，典型的中西合璧。属省级文物保护单位。

远景

正立面外观

111 威海篇 英国军官避暑别墅

英国军官避暑别墅，位于刘公岛上，建于1898年，是英国高级军官消夏避暑之居所。建筑坐北朝南，由主楼和附属平房组成。主楼为砖石木结构的二层楼房，平面近方形，面阔五间，进深五间，石砌墙基，砖砌墙体，抹灰墙面，木桁架，红色石棉瓦四面坡屋面。主立面上下层皆出廊，单面坡顶，上层廊设护栏。屋檐中间上方暴露三角木梁架，两面

正立面外观

坡顶，并辟阁楼窗。下层东西两侧亦有廊，平顶露台，矩形门窗。后有附属建筑，院内有蓄水池。2006年，以"英海军上将住所旧址"名列省级文物保护单位。

背立面外观

侧立面外观

112 威海篇　小红楼

小红楼，位于威海市区东山路18号，英商泰茂洋行（E·克拉克）1913年所建私人住宅。1943年改为威海卫俱乐部，新中国成立后由驻威海军使用。新中国成立初期，董必武、粟裕、张万年等一些来威的高级将领多下榻于此，故又称将军楼。属省级文物保护单位。

整个建筑坐北面南，占地621平方米，使用面积281平方米，是一座木石结构的两层欧式别墅建筑。四面坡，大屋顶上有阁楼，平面呈不规则形状。二层上有开放式阳台、阁楼。楼正面是用石头雕成的拱形廊门，门前有约6米长、一步宽的石阶，石阶上有纹理细腻的几何形石雕，都是用块石雕刻后，用水泥黏结为一体，楼正面西边墙壁上镶嵌着狮头石雕。整座楼设计精巧、布置有序。

小红楼外观

小红楼近景

小红楼屋顶外观

113 威海篇 英国工程师住宅旧址

工程师住宅位于威海市区东山路 6 号，为英殖民政府为其官员所建居住建筑。属省级文物保护单位。

建筑平面近长方形，面向东南，砖石结构，四面坡，东南 9 开间，西北 4 开间。面阔 22 米、进深 11.6 米、高 7.6 米。占地 496 平方米，使用面积 230 平方米。室内为木地板，每层各有格局对称的两个生活区。

外观

114 日照篇 刘勰故居

刘勰故居位于莒县县城西8公里浮来山定林寺内,是北魏著名文学理论评论家、《文心雕龙》作者刘勰晚年出家、校经的场所。始建于北魏时期,现有建筑大部分为明、清重修。全寺南北长95米,东西宽52米,三进院落,依山势逐级而建,依次为山门、大雄宝殿、

校经楼

关帝祠、泰山行宫、菩萨殿、三爷殿、校经楼、禅堂、十王殿、三教堂等建筑，均为砖木结构硬山顶建筑。校经楼相传为当年刘勰校经场所，为清代重修的二层小楼，面阔10.60米，进深6.40米。院内尚存明、清碑数通，3500年树龄的银杏一株。属省级文物保护单位。

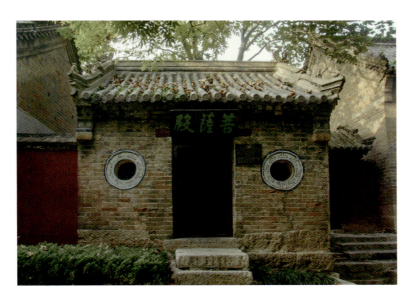

菩萨殿

三教堂

刘勰故居亘古一人堂

定林寺

泰山行宫

115 丁公石祠简介

日照篇

丁公石祠位于五莲县叩官镇丁家楼子村东，建于明万历三十六年（1608年），是丁耀斗为颂扬其父明嘉靖进士丁惟宁的功德而兴建的。整体坐北朝南，由仰止坊、柱史丁公祠两部分组成，在同一条轴线上。石祠为石质抬梁式硬山建筑，面阔三间，一门三窗，五檩二梁，重梁双柱，柱头雕昂，石板瓦雕花脊，龙形双鸱吻。仰止坊左右各垫双层长方形雕云纹座，上立四棱抹角石柱，柱之前后各辅石。祠内现存明代八块石碑，具有重要的史料价值。属省级文物保护单位。

石祠内景

丁公石祠外观

仰止坊

枣庄篇

001 枣庄煤矿办公大楼 / 350

济宁篇

002 曲阜孔庙及孔府 / 352
003 孟庙及孟府 / 360
004 光善寺塔 / 365
005 尼山建筑群 / 366
006 汶上砖塔 / 368
007 卞桥 / 369
008 兴隆塔 / 370
009 济宁东大寺 / 371
010 南旺分水龙王庙 / 374
011 戴庄天主教堂 / 375
012 曲师礼堂及教学楼 / 378
013 奎星楼 / 380

临沂篇

014 八路军 115 师司令部旧址 / 381
015 华东革命烈士陵园 / 382
016 市人民医院文史楼 / 384
017 天主教堂 / 384

德州篇

018 文庙大成殿 / 385

聊城篇

019 山陕会馆 / 387
020 光岳楼 / 392
021 隆兴寺铁塔 / 394
022 鳌头矶 / 395
023 临清西清真寺 / 397
024 临清舍利宝塔 / 400

菏泽篇

025 百寿坊及百狮坊 / 402
026 唐塔 / 404

001 枣庄篇 枣庄煤矿办公大楼

大楼位于枣庄市市中区矿区街道枣庄煤矿矿里街40号，又名"飞机楼"，建于1923年，由德国人设计。它是枣庄煤矿百年沧桑的历史见证，也是我国煤炭行业中民族工业发展的缩影。现为枣庄新中兴公司办公使用，属省级文物保护单位。

该大楼为哥特式建筑，两层，有地下室和阁楼。石筑基础，水刷石外墙，混凝土檐口，大坡起脊红瓦屋面，上开老虎窗，楼顶正中有塔楼。建筑坐北朝南，主立面为中轴对称布局，正中由两根石方柱撑起半圆形门廊，上为露台。"飞机楼"的东西两侧50米外各建有配楼1座，红砖墙身，大红瓦屋面，均为两层砖木结构，与主楼整体呈象征胜利的英文字母"V"形。飞机形状的巧妙设计，象征着公司的腾飞。

正立面外景

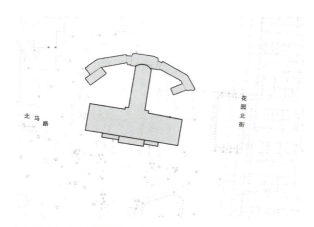
枣庄煤矿办公大楼平面位置图

正门局部

侧门

曲阜孔庙及孔府

002 济宁篇

曲阜孔庙，又称"阙里至圣庙"，是祭祀中国春秋时期的著名思想家和教育家孔子的本庙，位于孔子故里山东曲阜城内。孔庙的东侧是孔府，是孔子嫡长孙世袭的府第，始建于宋代。孔庙、孔府和城北的孔林合称"三孔"。属全国重点文物保护单位。

孔庙占地约14公顷，南北长达1公里多。建筑仿皇宫之制，共分九进庭院，贯穿在一条南北中轴线上，左右作对称排列。整个建筑群包括五殿、一阁、一坛、两庑、两堂、17座碑亭，共466间。孔府占地面积约7公顷，共有厅、堂、楼、房等建筑560间。三路布局，九进院落。官衙和住宅建在一起，是一座典型的封建贵族庄园。孔府后院花园，幽雅清新，布局别具匠心，可称园林佳作，也是园宅结合的范例。

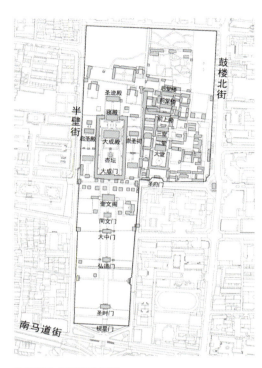

孔庙及孔府平面位置图

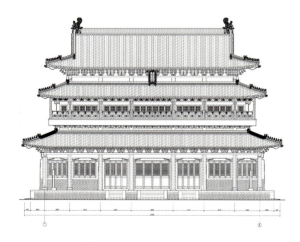

孔庙奎文阁正立面图

孔庙碑亭

孔庙鸟瞰图

大成殿

孔庙金声玉振牌坊

钩心斗角

盘龙柱

孔庙万仞宫墙

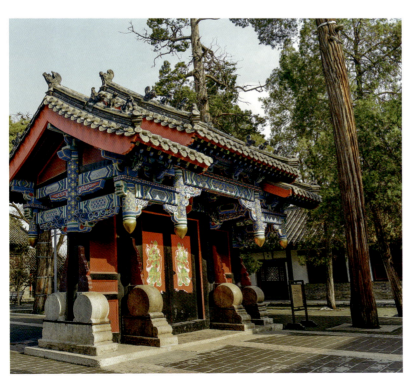

孔府重光门

孔府五柏抱槐树

孔府大堂

孔府后堂楼

孔府大门

孔府忠恕堂

孔府鸟瞰图

003 济宁篇 孟庙及孟府

孟庙、孟府位于邹城市千泉街道办事处，是纪念中国古代思想家、政治家孟子的建筑组群，始建于宋代，金、元、明、清重修达38次。现存建筑为清康熙年间重建。属全国重点文物保护单位。

孟庙及孟府布局严谨，错落有致。其中孟庙前后五进院落，以主体建筑亚圣殿为中心，前殿后寝、廊庑环绕，中轴对称配列，布局宏伟，装饰精湛。孟府前后由七进院落，厅、堂、楼、房共计200余间，主体建筑分布在中路，前为官衙，后为内宅，是中国古代北方宅衙合一、园宅结合的典型范例。孟庙及孟府在规划布局、建筑形制、营造工艺、装修装饰等方面集古代建筑艺术之大成，堪称中国古代建筑的杰作；在构造做法方面，是苏、鲁、豫、皖地方做法与明清北方官式做法相结合的典型实例。

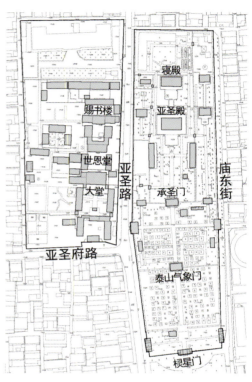

孟庙及孟府位置图

孟庙棂星门

孟府大堂

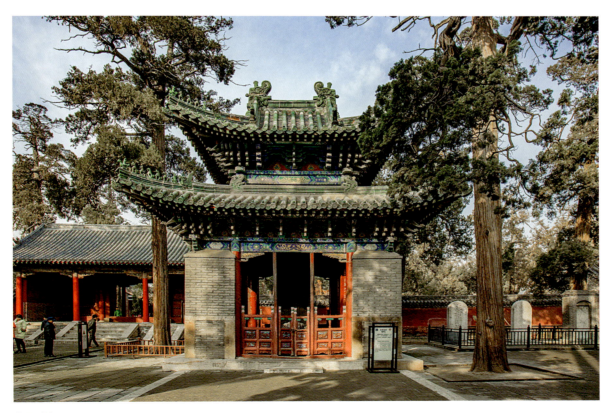

康熙碑亭

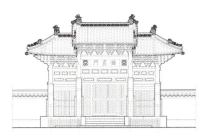
孟庙棂星门正立面图

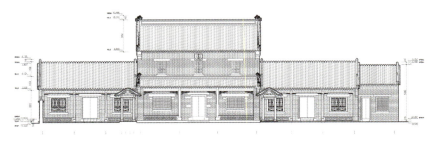
孟府赐书楼正立面图

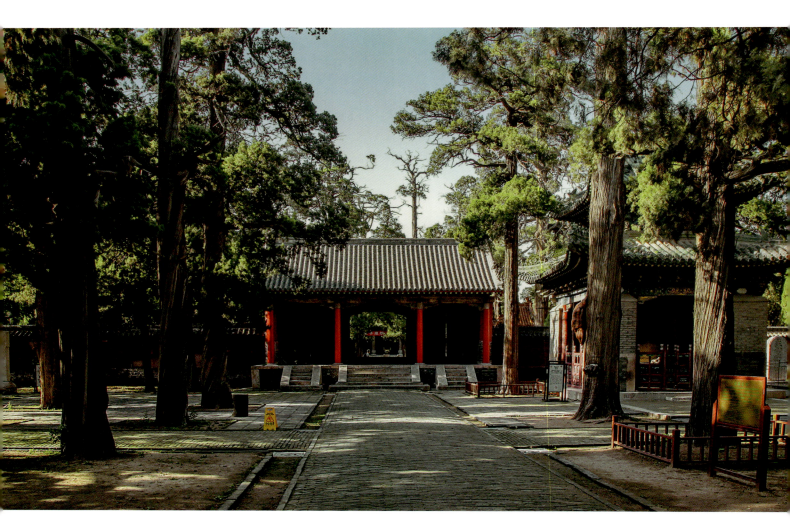
孟庙泰山气象门

孟府世恩堂内景

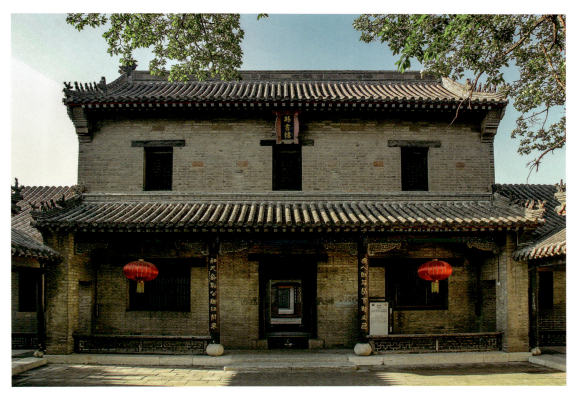

孟府赐书楼

孟府世恩堂

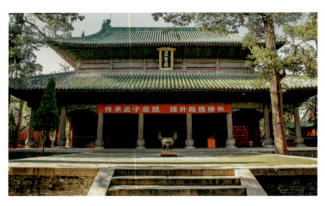

亚圣殿

孟府礼门

光善寺塔

004 济宁篇

　　光善寺塔，亦称文峰塔，坐落于金乡县星湖公园内，始建于唐贞观四年（630年）。该塔系砖石结构，石台底座，砖砌八角形九层楼阁式建筑，顶为铁质葫芦形，全塔高49米。每层相接处为双层砖砌斗栱，东西南北各砌一拱形门，第一层北门盘旋而上，可攀顶层。第三层南门佛龛刻有三个石佛像。第五层塔内东西墙壁各嵌一长方形石刻，石刻分上下两层，共六组，下层中间一佛端坐石台之上，两旁各立一佛，中佛左右分别为三佛跪坐一石几之上，石几下各卧一兽，上层左右各一瓦楼房，内侧坐一佛，侍立一佛。全石刻13人，神情自若，栩栩如生。属全国重点文物保护单位。

远景

005 济宁篇 尼山建筑群

建筑群包括尼山孔庙和尼山书院，位于曲阜城东南尼山东麓。尼山孔庙始建于五代后周，后数次毁于兵火，明洪武十年（1377年）、永乐十五年（1417年）先后鼎新重建。其后，各代均有修葺。现存庙堂、书院、山神殿等建筑，布局呈坐北面南，前为庙堂，后为书院，皆自成院落。孔庙横分三路，五进院落。大成殿在大成门内，祀孔子像及颜、曾、思、孟四配像。东西两庑各5间，供奉十二哲及七十二贤木主牌位。寝殿5间，在大成殿之后，供奉孔子夫人亓官氏牌位。东西厢房各3间，分别祀孔子之子孔鲤、孙孔伋。东路有讲堂、照壁、土地祠。西路有启圣殿，祀孔父叔梁纥。后为寝殿，祀孔母颜氏。毓圣侯祠位于中路西北部，奉祀尼山神。尼山书院在庙东北百余米处，院内有正房3间，东西厢房各3间，系当年讲学授业和纪念孔子的处所。属全国重点文物保护单位。

尼山建筑群位置图

棂星门

院落

尼山孔庙大成殿及东西两庑

尼山孔庙大成门

尼山孔庙启圣门

尼山书院大门

观川亭

汶上砖塔

汶上砖塔，又名"太子灵踪塔"，位于汶上县城宝相寺院内，始建于北宋（政和二年）。塔为青砖砌垒，八角十三层楼阁式建筑，第三层飞檐下饰以砖制莲花图案。底层东、西、南各设一圈门佛龛，原有佛像。北面圈门通塔内，有螺旋式台阶达于塔顶。塔刹呈葫芦状，覆以黄色玻璃瓦，金光耀目，当地人俗称"黄金塔"。塔高41.74米。精工细作，古朴典雅，造型优美而雄伟。属全国重点文物保护单位。

007 济宁篇 卞桥

卞桥位于泗水县泉林镇卞桥村与泉林村之间的泗河上，金（1181年）重修。桥为东西走向，三孔联拱券砌。桥身长25米，宽7米，高6.5米，两端各有引桥。桥面两边各有14根望柱和13块栏板。栏板上雕刻有人物、花卉、山水、鸟兽等各种图案。桥身两端各有一对石狮向相蹲踞于须弥莲花座上。券孔两侧顶上均镶有透雕龙首。拱脚处为莲花托石。桥墩下部为梭形迎水。桥下绿水长流，清波荡漾，旧为"泗水十景"之一。属省级文物保护单位。

桥面

立面全景

栏板局部

莲花底座局部

龙首细部

008 济宁篇 兴隆塔

兴隆塔位于兖州文化东路今博物馆院内，始建于隋朝，因该地原有古刹兴隆寺而得名，寺久已毁圮而塔岿然独存。兴隆塔的造型端庄挺拔，直插云天，底七层塔体粗犷，上六层骤缩细小，如一小塔置于大塔之上。塔为八角十三层楼阁式空心砖塔，地基周长48米，高54米。砖木结构，体为砖砌，内以木架为骨，砖叠涩檐，有简单斗栱。二层外部设平座，二、四、六、七层盲窗修饰，通体区分两截，上下叠加，呈母子相托状，挺秀玲珑，直入云端，塔顶用琉璃瓦制成的莲台宝相式宝刹。属省级文物保护单位。

塔身

塔顶

外观

济宁东大寺

_{009 济宁篇}

坐落在市中区小闸口上河西街，因寺门临古大运河西岸，故俗称"顺河东大寺"。始建于明洪武年间，以后经明、清各朝及当代数次修缮，使建筑面积达到4134平方米。属全国重点文物保护单位。

该寺是一座龙首式样的中阿合璧建筑群，坐西朝东，由两进院落组成，主要建筑由东西轴线排列，依次为序寺、大殿、望月楼三大部分。序寺包括木栅门、石坊、大门、邦克楼和南北讲堂。大殿是寺院的主体建筑，由卷棚、正殿、后窑殿组成。卷棚居前，面阔5间，进深2间，前有平列檐柱，勾连搭于正殿前檐。正殿为单檐歇山式建筑，内置24根朱红通天木柱，承托着42间广厦的上部结构，后檐连接着阔3间、深2间的三层后窑殿，上部为六角攒尖式窑顶，覆黄绿色琉璃瓦。大殿后约6米是"望月楼"，楼为双层，砖木结构。

东大寺鸟瞰

石坊

大殿

东大寺远景

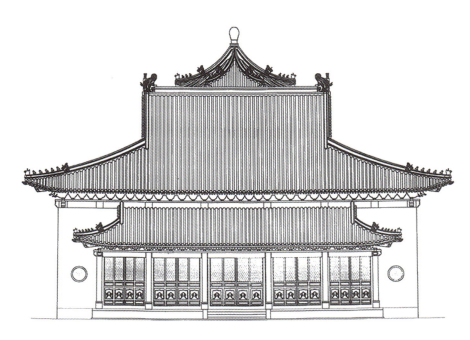

大殿立面图

南旺分水龙王庙

济宁篇 010

龙王庙坐落于汶上县南旺镇北汶河、运河交汇处。始建于明永乐年间，后相继扩建，至清咸丰十年（1860年），形成庞大的建筑群，主要有龙王大殿、禹王殿、宋公祠、潘公祠、白公祠、文公祠、水明楼、戏楼、观音阁、关帝庙、蚂蚱神庙等。建筑群南北为220米，东西为255米，由东向西分四路布置。主体建筑龙王庙坐落在高台之上，门外分列四对面目狰狞的石雕水兽，居高临下紧连石砌河岸。禹王殿平列于龙王庙左侧，单檐硬山，顶覆琉璃瓦，脊饰蟠龙，内奉禹王塑像。宋公祠居禹王殿之左，单檐硬山式，顶覆灰瓦，内奉在督导遏汶济运的治河工程中，功勋卓著的明工部尚书宋礼塑像。另有观音阁、蚂蚱庙等组成了这一汶运两河汇流要塞的建筑景观。属全国重点文物保护单位。

龙王庙外景

龙王庙全景

011 济宁篇 戴庄天主教堂

戴庄天主教堂位于济宁市任城区戴庄村。1887~1896年德国传教士安治泰和奥地利传教士福若瑟在戴庄将茛园（俗称李家花园）改为教堂，1898年清政府签订了"中德胶澳租界条约"，戴庄天主教堂即为清政府赔款所建，是当时"中华圣言会"的总部。新中国成立后为山东省精神病医院使用至今，属省级文物保护单位。

整个建筑群占地400余亩，楼堂房舍1000余间，布局分东、西两院，圣堂居中枢，是教堂的主体建筑，哥特式建筑风格，共30间，内18根通天石柱支撑，灰瓦覆顶，现存一方"宣统三年五月"（1911年）石刻，为此堂的建筑年代。修道院位于圣堂之西，二层，内设走廊，共85间；神甫楼位于圣堂北侧，红瓦覆顶；主教办公室在神甫楼西侧，前设走廊，修女楼位于圣堂东侧，为硬山式建筑，共125间；另有其他附属设施如宿舍、病房、钟楼、学校等。

正立面图

教师楼北立面外景

外景

012 济宁篇 曲师礼堂及教学楼

曲师礼堂及教学楼位于曲阜市静轩西路 57 号曲阜师范大学院内，属现代革命纪念建筑物。礼堂系山东著名教育家范明枢 1920 年任校长时所建，曲师教学楼是山东著名抗日烈士张郁光 1931 年任校长时所建。属省级文物保护单位。

礼堂是拱顶式瓦面建筑，位于学校中北部，南北长 34.2 米，东西宽 15.6 米，高 5.5 米，深 9 间，是当时进步师生进行集会、演讲等活动的主要场所。曲师教学楼是德式两层砖木结构建筑，东西长 34 米、南北宽 26 米，高 8.5 米，分布 12 间教室，因其平面图像一个旋转 90 度的"工"字，又称"工字楼"，是学校当时最主要的教学场所。

教学楼背面外观

教学楼侧面

礼堂正立面外观

013 济宁篇 奎星楼

奎星楼坐落于金乡县星湖公园内，建于明万历二十七年（1599年）。位于光善寺塔的东面，是上下两层阁楼式建筑。上层供奉魁星神像，下层明窗四敞，为游人休息，楼前架凌云桥于寿河之上，和陆岸相连。凌云桥以石为墩，上架大木为梁，铺以厚板，共三孔。东西侧设石栏，前而砌成石道。奎星楼以实物的形式记录了明代高超的建筑技术和艺术成就，反映了明代时期金乡经济的繁荣，为研究明代楼阁式建筑技艺提供了珍贵的实物资料。属省级文物保护单位。

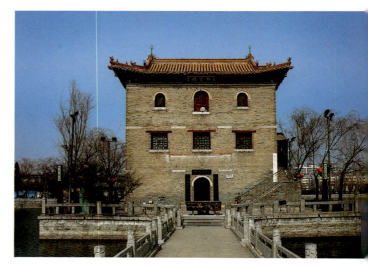

正立面外观

远景

八路军 115 师司令部旧址

[014 临沂篇]

旧址位于临沂市莒南县大店镇，曾是庄氏群团式地主庄园的繁居地。1941~1945 年间，八路军 115 师司令部在庄氏庄园驻扎，1945 年 8 月 13 日，山东省政府在大店宣告成立。八路军 115 师司令部旧址所在的院落，原是庄园的"居业堂"，是一个大四合院套小四合院的布局，原有房屋 50 间，现仅存 18 间，院落坐北朝南，现原状保留有八路军 115 师作战指挥室、罗荣桓办公起居室、肖华办公起居室、陈光办公起居室和警卫员室。山东省政府旧址所在的院落，原是庄园的"四余堂"，东与 115 师司令部旧址所在的院落相邻，院落坐北朝南，现原状保留有省政府会议室、黎玉办公起居室和刘居英办公起居室。属全国重点文物保护单位。

山东省省政府旧址正立面

院落

入口

华东革命烈士陵园

<small>015 临沂篇</small>

华东革命烈士陵园，原名临沂革命烈士陵园，位于临沂市兰山区沂州路，沂河西岸。1949年4月，山东省人民政府为纪念在抗日战争和解放战争中牺牲的华东地区革命烈士而建，是华东地区最大的革命烈士陵园。陵园占地面积290亩，以45米高的五角灯塔式革命烈士纪念塔为中心，塔的东南方向有开国首席大将粟裕骨灰撒放处。以革命烈士纪念塔为中轴线，东、西墓区对称。塔后是宫殿式烈士纪念堂。华东革命烈士陵园为全国第一批烈士纪念建筑物重点保护单位、全省重点文物保护单位。

东门

正门

 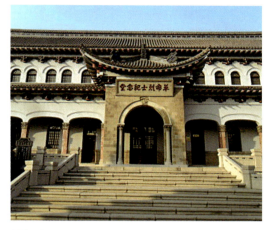 

革命烈士公墓　　　　　　　　革命烈士纪念堂　　　　　　　　汉斯希伯墓

革命烈士纪念塔

016 临沂篇 市人民医院文史楼

市人民医院文史楼，位于临沂市兰山区解放路东段市人民医院内，由美国基督教长老会（北派）出资兴建。始建于1921年，竣工于1923年。为时任院长美国人Wood Berry的住所。抗战胜利后，成为山东省军区交际处的办公场所。陈毅元帅、陈世渠将军还在此与军调部美方代表戴维斯上校进行过会晤。新中国成立后，该楼成为医院的病房和办公场所。文史楼为二层建筑，清水灰砖墙，花脊小瓦，硬山式屋顶，虽然存在近百年，但是结构稳定，保存完整。

文史楼外景

017 临沂篇 天主教堂

临沂天主教堂，位于临沂市兰山区兰山路中段，建造于1903~1913年，是山东省唯一一座古罗马式大教堂。教堂坐北朝南，气势宏伟壮观，总面积2500平方米，其中主教府坐堂宽18米，长43.2米，建筑面积854平方米，钟楼高36米。整个建筑为古罗马式风格，其特点为拱形圆顶、大型石柱、雕花柱头等。造型古朴典雅，外部建有高低5个尖塔，正面中间为钟楼，内设3个铜钟。钟楼上的十字架高耸入云，天主教堂是当时临沂城最高的建筑物。其建成后成为天主教传教中心，在抗日战争中则是临沂人民的避难所，抗战胜利后为新四军军部驻地。属省级文物保护单位。

外观

文庙大成殿

018 德州篇

文庙坐落于乐陵市城区开元路与兴隆北大街交汇路口东北侧，始建于明洪武二年（1369年）。属省级重点保护文物单位。

现保存完好的大成殿是一座庑殿顶的明代建筑。长20.7米，宽10.95米，通高9.88米。殿内面宽5间，进深3间。内外分别有红漆合围圆柱12根擎立。殿顶覆盖琉璃瓦，分红、黄、绿各色，中间组成一大菱形图案。正脊中有五条金龙戏珠，两端翘起鸱吻、垂脊，戗脊尽端有跃鱼、蹲兽，相间排列。属省级文物保护单位。

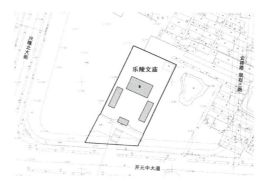

文庙平面位置图

正立面外景

殿后石碑凉亭

大成殿侧背面外观

山陕会馆

<small>019 聊城篇</small>

山陕会馆坐落于聊城东关古运河西岸，坐西朝东，面河而立，是一处神庙与会馆相结合的建筑群。始建于清乾隆八年（1743年），其后逐年扩修，至嘉庆十四年（1809年），方具现今规模。会馆占地面积3774平方米，沿中轴线由东向西依次为山门、戏楼、钟鼓楼、南北看楼、碑亭、中献殿、关帝殿、春秋阁，再南北对称组建各种楼和房，形成封闭式的三个院落。整个建筑群布局合理、错落有致、连接得体、装饰华丽，主要建筑室内大木结构是典型的台梁式结构，受力合理，用材适中，会馆建筑雕刻、彩绘艺术精妙绝伦，国内罕见，反映了当时、当地的民俗风情、审美情趣。属全国重点文物保护单位。

平面位置图

戏楼

山门

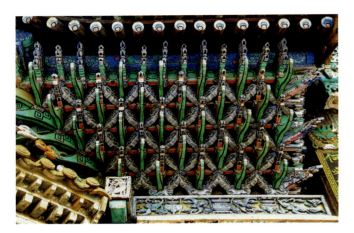

斗栱

檐下木雕

柱础

山陕会馆入口外景

020 聊城篇 光岳楼

光岳楼位于聊城市东昌府区古城中央，始建于明洪武七年（1374年）。光岳楼外观为过街式四重檐歇山十字脊楼阁，占地1185平方米，通高34米，整体建筑坐北向南，由墩台和4层主楼组成。墩台为砖石砌成的正四棱台，南向拱门两侧又各开一小拱门，形制与中间拱门相似，西门为假门。敞轩面阔五间，进深三间，单檐歇山卷棚顶，不施斗栱，更觉轻巧明快，与主楼形成明显的对比，此亦是我国传统建筑惯用之手法。

光岳楼外景

四层主楼筑在高台之上,全为木结构,方形外加围廊,高约24米。光岳楼雄伟高大,有"虽黄鹤、岳阳亦当望拜"之誉。属全国重点文物保护单位。

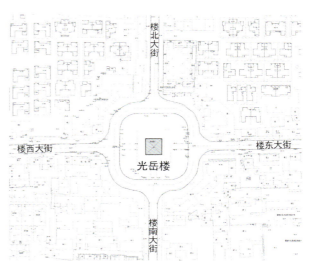

位置图

侧立面外观

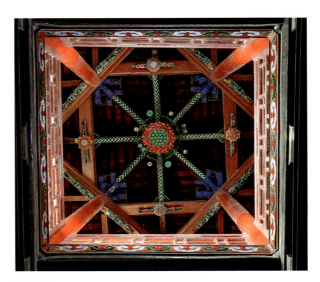

屋顶构件

021 聊城篇 隆兴寺铁塔

隆兴寺铁塔位于聊城市城区运河西岸、原护国隆兴寺内，始建于宋代，明永乐年间倒塌，成化二年（1466年）重立。塔体通高15.5米，八角十二层，为仿木楼阁式铁铸佛塔，由地宫、塔座、塔身、塔刹四部分组成，是我国为数极少的金属古建筑。其铸造工艺精细，须弥座石刻内容丰富，形象生动，显示了古代高超的工艺水平。其形制与浮雕风格都具有鲜明的宋代特征，是研究宋代佛塔建筑珍贵的实物资料。属全国重点文物保护单位。

石刻

须弥座

聊城隆兴寺铁塔

鳌头矶

_{022 聊城篇}

鳌头矶位于临清市区元、明会通河分流交汇之地，明代正德年间在此叠石为坝，状如鳌头，由此得名。存有古建筑一组，始建于明正德，续建于嘉靖年间。布局呈四向制，平面近方形，北殿李公祠、西殿吕祖堂、南楼望河楼、东楼观音阁，整体建筑布局严谨、错落有致。主体建筑观音阁，砖砌基座高5米，9米见方，下部辟有门洞贯通内外。阁楼面阔3间，进深2间，歇山卷棚顶，四角飞挑，木隔落地，重梁起架与抹角梁相结，具典型明代北方风格建筑。台基围以雉堞女墙，与面河而筑的望河楼浑然一体，为临清十景之一鳌头凝秀。1938年，中共临清县工委机关报《力报》在此创刊。现为临清市博物馆所在地。属全国重点文物保护单位。

登瀛楼

历史照片

侧立面外观

正立面外观

临清西清真寺

023 聊城篇

西清真寺位于临清市卫河东岸，先锋桥畔。建于明代弘治十七年（1504年），明代嘉靖四十三年（1564年）重修。坐西朝东，中轴线上自东而西依次建有牌坊山门、望月楼、正殿、后殿、后门；两侧辅以南北角亭、讲经堂、沐浴房，共建有殿、楼、厅、堂九十余间。正殿二层重檐，前后出廊；底层砖砌三洞券门，明间稍阔；二层环装木门窗，歇山挑檐，翼角起翘。前为抱厦3间，歇山卷棚顶。礼拜殿居中，庑殿顶高起。后殿重檐，居中高起八角攒尖，两侧各跨体量略小的四角攒尖；顶尖垂列，形如"山"字，上端置宝珠形琉璃圆顶。前、后殿相互衔接采用勾连搭法式，覆绿琉璃瓦。整体建筑群既有中国宫殿建筑特点，又包含伊斯兰建筑艺术特点，是中国古建筑的代表。属全国重点文物保护单位。

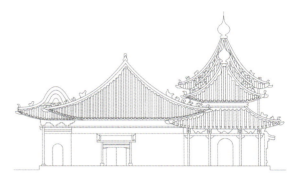

大殿侧立面图

清真寺外景

中轴线 鸟瞰

399 / 鲁西鲁南卷

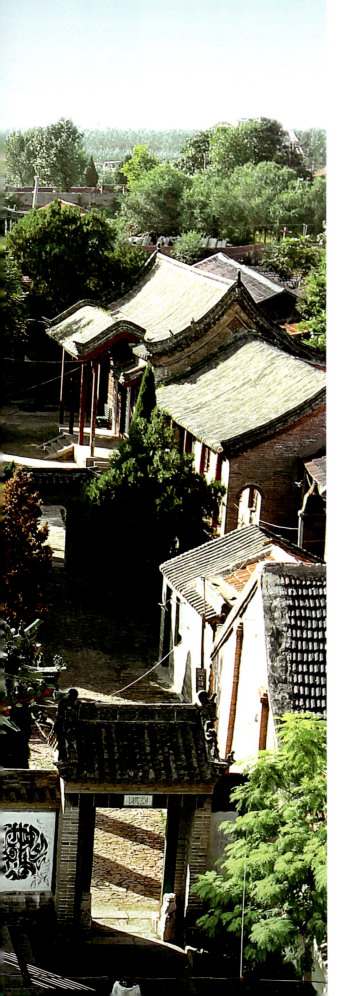

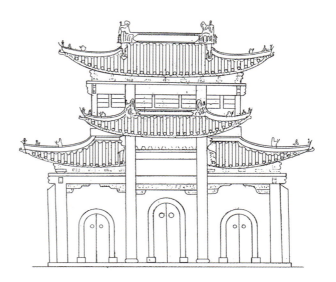

望月楼正立面图

历史照片

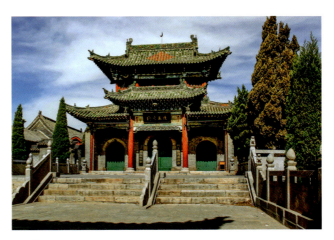

望月楼

临清舍利宝塔

聊城篇 024

舍利宝塔耸立在临清市城北2.5公里卫运河东岸，始建于明万历三十九年（1611年），由临清商民捐资、工部尚书柳佐监修，历时九年而成。与杭州六和塔、扬州文峰塔、通州燃灯塔并称为"运河四大名塔"。该塔为仿木构楼阁式砖塔，通高61米，八面九级，逐层略有收分，通体近乎垂直。每层八面辟门（窗），四明四暗。外檐陶质仿木出挑斗栱，转角斗栱下垂陶质莲花垂朴。塔心室八角形、四方形交替叠筑。塔顶呈将军盔形，上覆铸铁覆钵，远眺雄浑高峻，巍峨壮观。各塔檐挑角系有风铎，风摇铃鸣，声震四野。塔内设有转角石质梯道，可迂回逐层攀登至顶层。属全国重点文物保护单位。

远景

近景

砖雕细部

历史照片

正立面外观

百寿坊及百狮坊

百寿坊俗称朱家牌坊，位于单县城内胜利北街，乃清乾隆三十年（1765年）为翰林院朱叔琪妻孔氏而建，因雕有一百个不同书体的寿字而得名。全青石结构，通高10.3米，宽8.1米，四柱三间五楼式，歇山顶。正间单檐，次间重檐，正间檐下六朵斗栱，次间上、下檐下各三朵斗栱。属全国重点文物保护单位。

百狮坊俗称"张家牌坊"，坐落于单县城内牌坊街中段，因夹柱上精雕百个形体各异的"石狮"而得名。乃清·乾隆四十三年（1778年）为赠文林郎张蒲妻朱氏建。全青石结构，高11.7米，宽9.1米，四柱三间五楼式，正间单檐，次间正檐，歇山顶，全部石砌。坊座八根夹柱透雕群狮八组，每根夹柱前、左、右三面均浮雕松狮图，其他部位也透雕加浮雕云龙旋舞，珍禽异兽、花卉图案。被誉为天下第一坊。

百寿坊正立面外景

百寿坊圣旨匾

百寿坊正间檐下斗栱

百狮坊正立面外观

百狮坊大额枋枋心

百狮坊小额枋枋心

百狮坊夹柱石侧面石雕

026 菏泽篇 唐塔

唐塔，位于郓城县城唐塔公园内，建于五代·唐长兴二年，故人们称作"唐塔"，又称观音寺塔、荒塔。该塔为八棱四门楼阁式，砖砌，下层周围42米，上层40米，原高七级，下部已被掩埋，现存四级，通高32米，地面以上27米。东、西、南、北四面各设券顶乾坤门，其余四面为砖雕假窗。塔心室和佛龛顶部，由层层砖斗栱环砌成拱顶，斗栱制作精良，层层内收，结构严谨，错落有致，连塔内迴廊顶部，也由砖斗栱精砌而成。属省级文物保护单位。

唐塔外景

塔顶局部

塔身局部一

塔身局部二

附录

山东省历史优秀建筑名录

济南市有第一批颁布的历史优秀建筑 57 处							
总序号	自编号	编号	名称	时代	地址	文保等级
1	1	370123001	孝堂山郭氏墓石祠	东汉	长清县孝里铺南的孝堂山顶	国家
2	2	370112002	四门塔	隋代	济南市历城区柳埠镇	国家
3	3	370123003	灵岩寺	北魏至清	长清区万德镇	国家
4	4	370112004	龙虎塔、九顶塔	唐至明	济南市历城区	国家
5	5	370105005	中共山东省委秘书处旧址	1923~1927 年	济南市天桥区五龙潭公园内	省级
6	6	370103006	英雄山革命烈士陵园	1949~1968 年	济南市市中区英雄山路 18 号	省级
7	7	370102007	解放阁	1965 年	济南市历下区黑虎泉路	省级
8	8	370124008	翠屏山多佛塔	唐	平阴县玫瑰镇翠屏山宝峰寺内	国家
9	9	370102009	辛亥革命烈士陵园	1934 年	济南市历下区千佛山东麓	省级
10	10	370102010	府学文庙	明、清	济南市历下区明湖路 214 号	省级
11	11	370103011	清真南大寺	明、清	济南市市中区永长街 47 号	省级
12	12	370102012	洪家楼天主教堂	1906 年	济南市历下区洪家楼北路 1 号	国家
13	13	370102013	广智院	1905 年	济南市历下区文化西路 103 号	省级
14	14	370103014	万竹园	1917~1922 年	济南市市中区趵突泉南路 1 号趵突泉公园内	省级
15	15	370103015	卍字会旧址	1934 年	济南市市中区上新街 51 号	国家
16	16	370102016	黄石崖及千佛山摩崖石刻造像	北魏、东魏	济南市历下区千佛山南山峪	市级 国家
17	17	370181017	齐长城	春秋、战国	章丘市文祖乡南边缘	国家
18	18	370124018	平阴东阿镇永济桥	明	平阴县东阿镇	国家
19	19	370181019	章丘埠村镇兴国寺	元	章丘市埠村街道叶亭山	省级
20	20	370103020	清真北大寺	清	济南市市中区永长街 23 号	市级
21	21	370103021	长春观后阁楼	明	济南市市中区长春观街 2 号	市级
22	22	370102022	清巡抚院署大堂	清	济南市历下区院前街 1 号珍珠泉院内	省级
23	23	370102023	大明湖公园内古建筑（历下亭、铁公祠、南丰祠、稼轩祠、北极阁、北水门、正南门等）	清	济南市历下区大明湖公园内	省级

续表

总序号	自编号	编号	名称	时代	地址	文保等级
24	24	370102024	趵突泉内古建筑（吕祖庙三大殿、沧园、东门等）	明、清	济南市历下区趵突泉公园内	省级
25	25	370102025	题壁堂	清	济南市历下区寿康楼街2号	省级
26	26	370102026	浙闽会馆	清	济南市历下区黑虎泉西路23号	省级
27	27	370112027	华阳宫古建筑群	清	济南市历城区华山街办邬家庄	省级
28	28	370102028	芙蓉街—百花洲历史文化街区	明、清	济南市历下区芙蓉街、曲水亭街	否
29	29	370102029	督城隍庙	明、清	济南市历下区东华街5号	省级
30	30	370104030	日本总领事馆1、2号楼旧址	1938年	济南市槐荫区经三路240号	省级
31	31	370103031	济南市委办公楼	20世纪50年代	济南市市中区建国小经三路37号	否
32	32	370103032	德国领事馆旧址	1901年	济南市市中区经二路193号	国家
33	33	370103033	交通银行办公楼旧址	1954年	济南市市中区经四路158号	否
34	34	370102034	山师大教学楼建筑群（文化楼、数理楼、生化楼）	20世纪50年代	济南市历下区文化东路88号	市级
35	35	370102035	五三纪念碑	1928年	济南市历下区趵突泉公园内	否
36	36	370102036	珍珠泉礼堂	1954年	济南市历下区院前街1号	否
37	37	370102037	山东剧院	1953~1955年	济南市历下区文化西路117号	否
38	38	370103038	南郊宾馆建筑群	1961年	济南市市中区马鞍山路2号	否
39	39	370105039	金牛公园大门、金牛阁	1959年	济南市天桥区济洛路87号	否
40	40	370105040	津浦路泺口铁路大桥	1909~1912年	济南市天桥区泺口	国家
41	41	370103041	交通银行济南分行旧址	1925年	济南市市中区经二纬一路147号	国家
42	42	370101042	德华银行办公楼旧址	1901年	济南市市区经二路191号	国家
43	43	370103043	山东邮务管理局旧址	1919年	济南市市中区经二路158号	国家
44	44	370103044	瑞蚨祥布店（鸿记）	1923年	济南市市中区经二211、213号	省级
45	45	370103045	隆祥布店（西记）	1924年	济南市市中区经二路260号	省级
46	46	370103046	卍字会道院	1934年	济南市市中区上新街51号	国家
47	47	370102047	黄台火车站	1905~1915年	济南市历下区黄台南路15号	省级
48	48	370102048	"奎虚书藏"楼	1936年	济南市历下区大明湖路257号	省级
49	49	370102049	将军庙街天主教总堂	1895年	济南市历下区将军庙街25号	省级
50	50	370102050	齐鲁大学建筑群旧址（景蓝斋、柏根楼、圣保罗楼、考文楼、大门、教学一楼、教学二楼、教学八楼）	分别建于1924、1917、1919、1954、1960年	济南市历下区文化西路44号	国家
51	51	370102051	齐鲁大学医学院建筑群旧址（新舆楼、共和楼、求真楼、和平楼、健康楼）	分别建于1911、1914、1914、1915年	济南市历下区文化西路107号	国家
52	52	370104052	基督楼自立会礼拜堂	1926年	济南市槐荫区经四路425号	省级
53	53	370104053	同仁会医院门诊住院部旧址	20世纪30年代	济南市槐荫区经五路324号	省级
54	54	370105054	胶济铁路济南站办公楼旧址	1911年	济南市天桥区站前街30号	国家
55	55	370103055	山东高等学堂教习住房旧址	1904年	济南市中区经七纬一路130号	省级

续表

总序号	自编号	编号	名称	时代	地址	文保等级
56	56	370105056	津浦路铁路宾馆	1909年	济南市天桥区经一路2号	省级
57	57	370103057	山东红卍字会诊所旧址	清末民初	济南市中区经四路万达广场内	国家
青岛市有第一批颁布的历史优秀建筑131处							
总序号	自编号	编号	名称	时代	地址	文保等级
58	1	370202001	德国胶澳总督府旧址	1906年	青岛市市南沂水路11号	国家
59	2	370202002	德国胶澳总督官邸旧址	1908年	青岛市市南区龙山路26号	国家
60	3	370202003	康有为墓	1927年	青岛市崂山区大麦岛村北山	省级
61	4	370202004	德国胶澳警察署旧址	1904年	青岛市市南区湖北路	国家
62	5	370202005	八大关近代建筑群	民国	青岛市市南区汇泉角、八大关路	国家
63	6	370202006	福音堂旧址（基督教堂）	1910年	青岛市市南区江苏路15号	国家
64	7	370202007	圣弥厄尔教堂	1932年	青岛市市南区浙江路	国家
65	8	370203008	青岛山炮台遗址	1897~1914年	青岛市市北区青岛山南部	国家
66	9	370202009	汇泉炮台遗址	1897~1914年	青岛市市南区汇泉角	市级
67	10	370202010	栈桥、回澜阁	1892~1893年栈桥始建，回澜阁建于1931~1933年。	青岛市市南区太平路10号	省级
68	11	370202011	团岛灯塔	1900年	青岛市市南区团岛西南角	国家
69	12	370202012	小青岛灯塔	1904年	青岛市市南区青岛湾内小青岛	国家
70	13	370202013	青岛观象台旧址	1905年	青岛市市南区观象山顶	国家
71	14	370205014	中共青岛地方支部旧址	1914年	青岛市四方区海岸路18号	省级
72	15	370202015	望火楼旧址	1905年	青岛市市南区观象山北坡	县区
73	16	370202016	康有为故居	1900年	青岛市市南区福山支路5号	省级
74	17	370202017	闻一多故居	1907年	青岛市市南区海洋大学内（鱼山路5号）	市级
75	18	370202018	老舍故居	1930年	青岛市市南区黄县路12号	省级
76	19	370202019	天后宫	明/1467年	青岛市市南区太平路12号	省级
77	20	370202020	湛山寺	1934~1944年	青岛市市南区芝泉路	市级
78	21	370202021	于姑庵	明	青岛市市南区错埠岭191号	市级
79	22	370205022	海云庵	始建于明	青岛市四方区海云街1号	省级
80	23	370202023	水族馆	1931年	青岛市市南区莱阳路4号	省级
81	24	370202024	花石楼	1930年	青岛市市南区黄海路12号	省级
82	25	370202025	王统照故居	1926年	青岛市市南区观海二路49号	市级
83	26	370202026	梁实秋故居	1930年	青岛市市南区鱼山路33路	市级
84	27	370202027	洪深故居	1932年	青岛市市南区福山路1号	市级
85	28	370202028	沈从文故居	1930年	青岛市市南区福山路3号	市级
86	29	370202029	萧红、萧军故居	1928年	青岛市市南区观象一路1号	市级
87	30	370202030	舒群故居	1928年	青岛市市南区观象一路1号	市级

续表

总序号	自编号	编号	名称	时代	地址	文保等级
88	31	370203031	青岛取引所旧址	1926年	青岛市市北区馆陶路22号	省级
89	32	370202032	伊尔蒂斯兵营旧址	1899年	青岛市市南区香港西路2号	国家
90	33	370202033	八大关小礼堂	1959年	青岛市市南区荣成路44号	否
91	34	370202034	海滨生物研究所旧址	1936年	青岛市市南区莱阳路2号	省级
92	35	370202035	东海饭店	1936年	青岛市市南区汇泉路7号	国家
93	36	370202036	青岛国际俱乐部旧址	1911年	青岛市市南区中山路1号	国家
94	37	370202037	德华银行及山东路矿公司旧址	1901年	青岛市市南区广西路14号	国家
95	38	370202038	人民会堂	1959年	青岛市市南区太平路9号	否
96	39	370202039	红卍字会旧址	1932年	青岛市市南区大学路7号	国家
97	40	370202040	俾斯麦兵营旧址	1901年	青岛市市南区鱼山路5号	国家
98	41	370202041	欧人监狱旧址	1900年	青岛市市南区常州路25号	国家
99	42	370202042	德华高等学堂旧址	1910~1912年	青岛市市南区朝城路2-4号	国家
100	43	370202043	美国领事馆旧址	1912年	青岛市市南区沂水路1号	否
101	44	370202044	德国领事馆旧址	1899~1912年	青岛市市南区青岛路1号	国家
102	45	370202045	斯提克否太宅第旧址	1905年	青岛市市南区沂水路5号	否
103	46	370202046	迪德瑞希宅第旧址	1903年	青岛市市南区沂水路7号	否
104	47	370202047	德国第二海军营部大楼旧址	1899年	青岛市市南区沂水路9号	国家
105	48	370202048	英国驻青领事馆旧址	1910年	青岛市市南区沂水路14号	否
106	49	370202049	天主教会公寓旧址	1899年	青岛市市南区湖南路6-8号	县区
107	50	370202050	开治酒店旧址	1913年	青岛市市南区湖南路16号	否
108	51	370202051	古西那辽瓦住宅旧址	1900年	青岛市市南区江苏路8号	否
109	52	370202052	德侨潘宅旧址	1905年	青岛市市南区江苏路12号	否
110	53	370202053	伯尔根美利住宅旧址	1900年	青岛市市南区江苏路10号	否
111	54	370202054	总督府童子学堂旧址	1901年	青岛市市南区江苏路9号	否
112	55	370202055	英商住宅旧址	1897~1914年	青岛市市南区江苏路1、3号	否
113	56	370202056	圣保罗教堂旧址	1941年	青岛市市南区观象二路1号	市级
114	57	370202057	胶澳邮政局旧址	1903年	青岛市市南区安徽路3号甲	县区
115	58	370202058	胶澳商埠电气事务所旧址	1919~1920年	青岛市市南区中山路216号	省级
116	59	370202059	胶澳帝国法院旧址	1914年	青岛市市南区德县路2号	国家
117	60	370202060	侯爵饭店旧址	1911年	青岛市市南区广西路37号	国家
118	61	370202061	广西路9号近代建筑	1903年	青岛市市南区广西路9号	否
119	62	370202062	德国神甫姬宝璐旧宅	1903年	青岛市市南区广西路5号	否
120	63	370202063	广西路1号德式建筑	1906年	青岛市市南区广西路1号	否
121	64	370202064	亨利王子饭店旧址	1912年	青岛市市南区太平路31号	否
122	65	370202065	德国第一邮政代理处旧址	1899年	青岛市市南区常州路9号	否
123	66	370202066	汇丰银行经理住宅旧址	1930年	青岛市市南区湖南路4号	否
124	67	370202067	水师饭店旧址	1901年	青岛市市南区湖北路17号	国家

续表

总序号	自编号	编号	名称	时代	地址	文保等级
125	68	370202068	天主教堂附属建筑	1935年	青岛市市南区德县路10号	否
126	69	370202069	欧式住宅旧址	1933年	青岛市市南区龙山路18号	否
127	70	370202070	阿里文旧居	1900年	青岛市市南区鱼山路1号	否
128	71	370202071	海滨旅馆旧址	1904年	青岛市市南区南海路23号	国家
129	72	370202072	宁文元宅第旧址	1931年	青岛市市南区莱阳路5号	县区
130	73	370202073	早稻本善德宅第旧址	1931年	青岛市市南区莱阳路3号	县区
131	74	370202074	路德教堂旧址	1930~1932年	青岛市市南区清和路44号	否
132	75	370202075	东莱银行大楼旧址	1914年	青岛市市南区湖南路39号	县区
133	76	370202076	福柏医院旧址	1906年	青岛市市南区安徽路21号	县区
134	77	370203077	朝鲜银行青岛支行旧址	1932年	青岛市市北区馆陶路12号	省级
135	78	370203078	横滨正金银行青岛分行旧址	1919年	青岛市市北区馆陶路1号	省级
136	79	370203079	英国汇丰银行旧址	1917年	青岛市市北区馆陶路5号	省级
137	80	370203080	大连汽船株式会社青岛分店旧址	1927年	青岛市市北区馆陶路37号	省级
138	81	370203081	胶澳海关旧址	1913~1914年	青岛市市北区新疆路16号	国家
139	82	370202082	圣心修道院旧址	1902年建成，1928年加层	青岛市市南区浙江路28号	否
140	83	370203083	普济医院旧址	1919年	青岛市市北区胶州路1号	否
141	84	370203084	三井物产株式会社旧址	1920年	青岛市市北区堂邑路11号	省级
142	85	370203085	丹麦驻青领事馆旧址	1913年	青岛市市北区馆陶路28号	省级
143	86	370203086	礼贤书院旧址	1903年	青岛市市北区上海路7号	县区
144	87	370202087	德国GELPCKE亲王别墅旧址	1899年	青岛市市南区沂水路3号	否
145	88	370202088	陶善欣宅第旧址	1931年	青岛市市南区福山路8号	否
146	89	370202089	官邸马厩旧址	1897~1914年	青岛市市南区福山支路8号	否
147	90	370202090	坂井贞一宅第旧址	1929年	青岛市市南区太平路23号	否
148	91	370202091	礼和商业大楼旧址	约1902年	青岛市市南区太平路41号	否
149	92	370202092	中山路17号近代建筑	1904~1905年	青岛市市南区中山路17号	省级
150	93	370202093	义聚合钱庄旧址	1930年	青岛市市南区中山路82号	省级
151	94	370202094	青岛商会旧址	1905年	青岛市市南区中山路72号	县区
152	95	370202095	中国银行青岛分行旧址	1934年	青岛市市南区中山路62号	省级
153	96	370202096	上海商业储蓄银行旧址	1934年	青岛市市南区鱼山路68号	省级
154	97	370202097	大陆银行青岛分行旧址	1934年	青岛市市南区中山路70号	省级
155	98	370202098	交通银行青岛分行旧址	1929~1930年	青岛市市南区中山路93号	省级
156	99	370202099	山东大戏院旧址	1930年	青岛市市南区中山路97号	省级
157	100	370203100	青岛市礼堂旧址	1934年	青岛市市南区兰山路1号	市级
158	101	370202101	总督府野战医院旧址	1905年	青岛市市南区江苏路18号	否
159	102	370202102	张勋公馆旧址	20世纪30年代	青岛市市南区浙江路9号	否
160	103	370202103	安娜别墅旧址	1901年	青岛市市南区浙江路26号	否

续表

总序号	自编号	编号	名称	时代	地址	文保等级
161	104	370202104	两湖会馆旧址	1933年	青岛市市南区大学路54号	县区
162	105	370202105	路德公寓旧址	1907年	青岛市市南区德县路4号	国家
163	106	370202106	总督牧师宅第旧址	1901~1902年	青岛市市南区德县路3号	否
164	107	370202107	德式别墅旧址	1905年	青岛市市南区德县路23号	否
165	108	370202108	总督府屠兽场旧址	1906年	青岛市市南区观城路65号	县区
166	109	370203109	青岛啤酒厂早期建筑	1904年	青岛市市北区登州路56号	国家
167	110	370202110	副税务司住宅旧址	1900年	青岛市市南区鱼山路2号	否
168	111	370202111	日本商校宿舍旧址	1931年	青岛市市南区鱼山路36号	县区
169	112	370202112	柏林传教会旧址	1899年	青岛市市南区城阳路5号	否
170	113	370202113	车站饭店旧址	1913年	青岛市市南区兰山路28号	否
171	114	370202114	玛丽达尼列夫斯基夫人别墅旧址	1934年	青岛市市南区汇泉路22号	国家
172	115	370202115	医药商店旧址	1905年	青岛市市南区广西路33号	国家
173	116	370202116	黑氏饭店旧址	1901年	青岛市市南区湖南路	否
174	117	370202117	魏斯住宅旧址	1903年	青岛市市南区湖南路22号	否
175	118	370202118	德式建筑	1904~1905年	青岛市市南区湖南路44、46号	省级
176	119	370202119	新新公寓旧址	已拆在建	青岛市市南区湖南路72号	否
177	120	370203120	大港火车站	1911年	青岛市市北区商河路2号	县区
178	121	370202121	谦祥益青岛分号旧址	1911年	青岛市市南区北京路9号	县区
179	122	370203122	三菱洋行旧址	1918年	青岛市市北区馆陶路3号	省级
180	123	370203123	齐燕会馆旧址	20世纪20年代末	青岛市市北区馆陶路13号	省级
181	124	370203124	青岛日本商工会议所旧址	1938年	青岛市市北区馆陶路24号	省级
182	125	370203125	日本青岛邮局大和町所旧址	1922年	青岛市市北区德平路1号	否
183	126	370202126	青岛交易所旧址	1933年	青岛市市南区大沽路35号	县区
184	127	370202127	中国实业银行青岛分行旧址	1934年	青岛市市南区河南路13号	省级
185	128	370202128	青岛银行同业公会旧址	1934年	青岛市市南区河南路15号	省级
186	129	370202129	金城银行旧址	1935年	青岛市市南区河南路17、19号	省级
187	130	370202130	小鱼山路5号住宅	1920年	青岛市市南区小鱼山路5号	市级
188	131	370203131	蒙养学堂旧址	已拆重建	青岛市市北区台东六路	否
淄博市有第一批颁布的历史优秀建筑22处，第二批颁布的历史优秀建筑13处						
总序号	自编号	编号	名称	时代	地址	文保等级
189	1	370302001	蒲松龄故居	清	淄博市淄川区洪山镇蒲家庄	国家
190	2	370304002	颜文姜祠	明、清	淄博市博山区神头村	国家
191	3	370321003	忠勤祠、四世宫保砖坊	明、清	桓台县新城镇新利村	省级
192	4	370322004	文昌阁	清	高青县青城镇	国家
193	5	370306005	王村松龄书馆	明	淄博市周村区王村镇西铺村西铺大街	省级
194	6	370306006	魁星阁	清（1852年）	淄博市周村区银子市街南首	省级

续表

总序号	自编号	编号	名称	时代	地址	文保等级
195	7	370306007	周村大街	明、清	淄博市周村区	省级
196	8	370306008	丝市街	明、清	淄博市周村区	省级
197	9	370306009	汇龙桥	始建于明万历年间，更建于清道光年间	淄博市周村区顺河街	省级
198	10	370306010	周村文昌阁	清（1789年）	淄博市周村区南下河中街	县区
199	11	370306011	千佛阁	清（1709年）	淄博市周村区新建中路1号	省级
200	12	370304012	红门	清代中叶	淄博市博山区城西街办颜山公园路一号	省级
201	13	370304013	玉皇宫	宋（1109年）创建	淄博市博山区城西办事处凤凰山卧龙坡	省级
202	14	370304014	碧霞元君行宫	明（1602年）	淄博市博山区城西办事处凤凰山峰顶东侧	省级
203	15	370304015	范公祠	明	淄博市博山区中心路东首荆山脚下后乐桥南	省级
204	16	370304016	工人文化宫	1954年	淄博市博山区城东办事处峨眉山东路2号	省级
205	17	370302017	矿务局建筑群（宣传部、计划处、局办公楼、安检局办公楼及日本庙宇）	1906、1929年	淄博市淄川区	国家
206	18	370302018	杨寨古塔	唐	淄博市淄川区双杨镇杨寨村	省级
207	19	370321019	桓台天主教堂	清（1877年）	桓台县田庄镇宗王村	市级
208	20	370321020	华严寺	隋	桓台县田庄镇高楼村	市级
209	21	370322021	魁星楼	1736年	高青县青城镇	国家
210	22	370303022	张店天主教堂	初建于1880年，1929-1932年重建	淄博市张店区杏园东路10号	省级
211	23	370321023	王士祯故居	明、清	桓台县新城镇城南村	省级
212	24	370323024	神清宫	宋	沂源县燕崖镇西郑王庄村	省级
213	25	370302025	土峪天主教堂	1939年	淄川区洪山镇土峪村	省级
214	26	370305026	清真寺	明、清	临淄区金岭回族镇金南居委会	省级
215	27	370304027	三皇庙	明、清	博山区博山镇朱家庄	县区
216	28	370304028	东庵	明、清	博山区北博山镇郭东村	县区
217	29	370304029	孙廷铨故居	清（1664年）	博山区城东办事处大街南	省级
218	30	370304030	永济桥	明、清	博山区城西办事处红门东侧	市级
219	31	370304031	白石洞古建筑群	明、清	博山区域城镇西域城村	市级
220	32	370304032	和尚房石楼	清初	博山区域城镇和尚房村	否
221	33	370305033	三孔桥	清道光年间	临淄区淄河店村309国道南	否
222	34	370305034	淄源桥	明	临淄区辛店街道矮槐树村	省级
223	35	370305035	排水道口	西周	临淄区凤凰镇王青村	国家

续表

\multicolumn{7}{c	}{枣庄市有第一批颁布的历史优秀建筑1处，第二批颁布的历史优秀建筑1处}
总序号	自编号	编号	名称	时代	地址	文保等级
224	1	370402001	苏、鲁、豫、皖边区特工委旧址	1934年	枣庄市市中区大洼街道南马路113号	省级
225	2	370400002	枣庄煤矿办公大楼	1923年	枣庄市市中矿区街道枣庄煤矿矿里街40号	省级
\multicolumn{7}{c	}{东营市地区有第一批颁布的历史优秀建筑1处}
总序号	自编号	编号	名称	时代	地址	文保等级
226	1	370523001	广饶关帝庙大殿	南宋（1128年）	广饶县月河路270号	国家
\multicolumn{7}{c	}{烟台市有第一批颁布的历史优秀建筑33处，第二批颁布的历史优秀建筑8处}
总序号	自编号	编号	名称	时代	地址	文保等级
227	1	370684001	蓬莱水城及蓬莱阁	明	蓬莱市蓬莱阁街道迎宾路59号	国家
228	2	370686002	牟氏庄园	清至民国	栖霞市庄园街道古镇都村	国家
229	3	370681003	丁氏故宅	清(1865年)	龙口市东莱街137号	国家
230	4	370602004	烟台福建会馆	清（1884年）	烟台市芝罘区毓岚街2号	国家
231	5	370686005	胶东革命烈士陵园	1945年春	栖霞市桃村镇英灵山	国家
232	6	370602006	烟台英国领事馆旧址	清（1861年）	烟台市芝罘区山东路15号	国家
233	7	370602007	烟台东海关税务司公署旧址	清（1863年）	烟台市芝罘区海关街6号	省级
234	8	370602008	张裕公司原址	清（1892年）	烟台市芝罘区大马路56号	国家
235	9	370602009	烟台基督教长老会堂	1903年	烟台市芝罘区毓璜顶东路	省级
236	10	370682010	宋琬故居	清(1865年)	莱阳市城厢街道办事处儒林村中部	省级
237	11	370602011	芝罘俱乐部旧址	清(1865年）	烟台市芝罘区海岸路34号	国家
238	12	370602012	崆峒岛灯塔	清(1866年)	烟台市芝罘区崆峒岛北山	省级
239	13	370602013	烟台东炮台、西炮台	清(1891年)	烟台市芝罘区岿岱山	省级国家
240	14	370602014	虹口宾馆近代建筑群	20世纪30年代	烟台市芝罘区虹口宾馆内	否
241	15	370602015	海军航院近代建筑群	20世纪30年代	烟台市芝罘区东海大院	否
242	16	370602016	烟台山周围近代建筑群	19世纪60年代~20世纪30年代	烟台市芝罘区烟台山	国家
243	17	370602017	顺昌商行旧址	20世纪初	烟台市芝罘区朝阳街44号	国家
244	18	370602018	广仁街23号住宅	20世纪初	烟台市芝罘区广仁街23号	否
245	19	370602019	生明电灯公司旧址	1913年	烟台市芝罘区广仁街21号	省级
246	20	370602020	盎斯洋行旧址	1886年	烟台市芝罘区朝阳街51号	市级
247	21	370602021	茂记洋行旧址	1906年	烟台市芝罘区海岸街23号	国家
248	22	370602022	中国银行芝罘支店旧址	1913年	烟台市芝罘区海关街33号	国家
249	23	370602023	岩城洋行旧址	20世纪初	烟台市芝罘区顺泰街16号	市级
250	24	370602024	福顺德银行旧址	1928年	烟台市芝罘区朝阳街56—58号	市级
251	25	370602025	金城电影院	1933年	烟台市芝罘区朝阳街79号	否
252	26	370602026	金贡山住宅旧址（烟台市委统战部旧址）	20世纪初	烟台市芝罘区大马路61号	市级

续表

总序号	自编号	编号	名称	时代	地址	文保等级
253	27	370602027	意大利领事馆旧址	20世纪初	烟台市芝罘区东太平街36号	国家
254	28	370602028	胜利路基督教堂	1922年	烟台市芝罘区胜利路134号	省级
255	29	370602029	联合国善后救济总署驻烟台办事处旧址	1938年	烟台市芝罘区大马路3号	市级
256	30	370602030	《胶东日报》社旧址	30年代	烟台市芝罘区虹口路8号	市级
257	31	370602031	新陆商行旧址	1909、1913年	烟台市芝罘区广仁街24号	市级
258	32	370686032	李氏庄园	清末	栖霞市翠屏街道黄岩底村	市级
259	33	370686033	黄燕底水库大坝（连拱坝）	1966年	栖霞市刘家河东乡	否
260	34	370602034	崇正中学旧址	1913年	烟台市芝罘区大马路109号	省级
261	35	370602035	倪维思牧师旧居	清末民初	烟台市芝罘区焕新路2号	否
262	36	370602036	广仁路民居	1917年	烟台市芝罘区广仁路44号	否
263	37	370602037	哈根住宅	1920年	烟台市芝罘区大马路115号	省级
264	38	370602038	帕拉狄西斯故居	1920年	烟台市芝罘区东海大院223号	市级
265	39	370602039	基督教浸信会教堂旧址	1916年	烟台市芝罘区大马路35号	省级
266	40	370602040	烟台刺绣商行旧址	1910年	烟台市芝罘区广仁路46号	市级
267	41	370602041	芬兰领事馆旧址	1930年	烟台市芝罘区海岸街10号	国家
潍坊市有第一批颁布的历史优秀建筑12处						
总序号	自编号	编号	名称	时代	地址	文保等级
268	1	370702001	十笏园	明至清	潍坊市潍城区胡家牌坊街49号	国家
269	2	370782002	王尽美烈士故居	1898~1925年	诸城市枳沟镇大北杏村南	国家
270	3	370702003	潍城城隍庙	明、清	潍坊市潍城区城隍庙街中段	省级
271	4	370781004	真教寺	明、清	青州市云门山办事处东关昭德街84号	国家
272	5	370702005	万印楼	清（1850年）	潍坊市潍城区芙蓉街北首	省级
273	6	370784006	庵上石坊	清	安丘市石埠子镇庵上村	省级
274	7	370781007	衡王府石坊	明	青州市玲珑山南路4318号	国家
275	8	370703008	杨家埠年画作坊	明~民国	潍坊市寒亭区西杨家埠村	省级
276	9	370702009	郭味蕖故居	清末民初	潍坊市潍城区城关街道东风西街1048号	省级
277	10	370702010	万印楼	明、清	青州市云门山办事处东关昭德街84号	国家
278	11	370702011	关候庙	宋~清	潍坊市潍城区胡家牌坊街	国家
279	12	370702012	松园子街民居	明、清	潍坊市潍城区松园子街	市级
济宁市有第一批颁布的历史优秀建筑25处						
总序号	自编号	编号	名称	时代	地址	文保等级
280	1	370829001	嘉祥武氏墓群石刻	东汉	嘉祥县纸坊镇武翟山村	国家
281	2	370881002	曲阜孔庙及孔府	公元前478年至清	曲阜市南门内	国家
282	3	370883003	孟庙及孟府	明、清	邹城市千泉街道南关社区亚圣府街道44号	国家

续表

总序号	自编号	编号	名称	时代	地址	文保等级
283	4	370802004	崇觉寺铁干塔	北宋	济宁市任城区古槐路38号	国家
284	5	370881005	朱总司令召开军事会议会址	建于明代	曲阜市孔林享殿内	省级
285	6	370881006	颜庙	元至清	曲阜市北门内陋巷街北首	国家
286	7	370881007	周公庙	明、清	曲阜市延恩东路周公庙街口	国家
287	8	370881008	尼山建筑群（含尼山林）	明、清	曲阜市东南约28公里处的尼山东麓	国家
288	9	370830009	汶上砖塔	宋	汶上县城内西北隅，现汶上县博物馆院内	国家
289	10	370882010	兴隆塔	隋	济宁市兖州区鼓楼街道文化东路53号	省级
290	11	370831011	卞桥	唐、金	泗水县泉林镇下桥村	省级
291	12	370802012	济宁东大寺	明、清	济宁市任城区小闸口上河西街	国家
292	13	370881013	洙泗书院	明、清	曲阜市城东北4公里处的泗河南岸书院村	省级
293	14	370826014	伏羲庙	宋、金、明	微山县两城镇刘庄村西	国家
294	15	370826015	仲子庙	宋	微山县鲁桥镇仲浅村西	省级
295	16	370829016	曾庙	明、清	嘉祥县满峒乡南武山村	国家
296	17	370830017	南旺分水龙王庙	明、清	汶上县南旺镇政府驻地一村、二村	国家
297	18	370811018	戴庄天主教堂	1898年	济宁市任城区李营镇戴庄村	省级
298	19	370882019	金口坝	隋至清	济宁市兖州区酒仙街道三河村村东	国家
299	20	370881020	考棚仪门、大堂、二堂	清	曲阜市鼓楼街11号曲阜师范学校院内	省级
300	21	370881021	曲师礼堂、教学楼	民国1920、1931年	曲阜市鼓楼街11号曲阜师范学校院内	省级
301	22	370881022	文昌祠大门、正堂	清光绪二十四年	曲阜市古泮池古遗址公园北岸	县区
302	23	370881023	西五府、前过厅、大厅、东配房、西配房	清乾隆末年	曲阜市东门大街9号曲阜实验小学院内	县区
303	24	370828024	光善寺塔	唐	金乡县府前街1号	国家
304	25	370828025	奎星楼	明	金乡县府前街1号	省级
泰安市有第一批颁布的历史优秀建筑29处						
总序号	自编号	编号	名称	时代	地址	文保等级
305	1	370902001	冯玉祥墓	1953年	泰安市泰山区泰山大众桥东首	国家
306	2	370902002	岱庙	汉至清	泰安市泰山区通天街北首、红门路南头	国家
307	3	370902003	碧霞祠	宋	泰安市泰山区泰山顶天街东端、北斗台之东30米处	国家
308	4	370902004	范明枢墓	1950年	泰安市泰山区泰山南麓环山路之北、普照寺西南方360米处	省级

续表

总序号	自编号	编号	名称	时代	地址	文保等级
309	5	370902005	泰山盘路古建筑群	汉至明	泰安市泰山风景名胜区	国家
310	6	370921006	宁阳颜子庙	元	宁阳县鹤山乡泗皋村	国家
311	7	370923007	戴村坝	明、清	东平县彭集街道南城子村	省级
312	8	370902008	美以美会基督教堂	清光绪26年	泰安市泰山区岱庙街道，登云街2号	否
313	9	370902009	清真寺	明、清	泰安市泰山区财源街道，清真寺街中段	市级
314	10	370902010	育英中学	1901年	泰安市泰山区岱庙街道灵芝街	市级
315	11	370902011	中华圣公会教堂	1884年	泰安市泰山区岱庙街道灵芝街	市级
316	12	370902012	萃英中学旧址	1900年	泰安市泰山区岱庙街道岱西社区青年路北首泰安一中院内	省级
317	13	370902013	泰安火车站小楼	1909年	泰安市泰山区财源街道青山社区泰山火车站出站口东侧	市级
318	14	370902014	卍字会会址	1934年	泰安市泰山区岱庙街道，财源社区财源街与青年路交汇处西南	市级
319	15	370902015	泰山关帝庙	明、清	泰安市泰山区泰山大众桥东首	国家
320	16	370902016	山东农大1号教学楼	1960年	泰安市泰山区泰前街道农大社区岱宗大街61号山东农大院内	否
321	17	370902017	山东农大礼堂	1956年	泰安市泰山区泰前街道农大社区岱宗大街61号山东农大院内	否
322	18	370903018	萧大亨墓	明万历年间	泰安市岱岳区满庄镇东萧家林村西	国家
323	19	370902019	施氏墓石坊	清	泰安市泰山区上高街道办事处利民小区中心花园南侧	市级
324	20	370902020	泰安电影院	1956年	泰安市泰山区岱庙街道办事处东岳大街中段路北、双龙池西侧100米处	否
325	21	370902021	虎山水库坝桥	1956年	泰安市泰山区泰山东麓红门路之东、老君堂东北方	否
326	22	370902022	黑龙潭水库大坝	1944年	泰安市泰山西麓建岱桥南	否
327	23	370923023	东平清真寺	明万历年间	东平县州城街办北门街	市级
328	24	370923024	永济路	明洪武二十八年	东平县州城街办	否
329	25	370923025	月岩寺	隋至清	东平县银山镇昆山西麓半山腰处	市级
330	26	370923026	天主教堂	1938年	东平县宿城镇	省级
331	27	370921027	文庙	元大德初年	宁阳县城东街859号	省级
332	28	370921028	灵山庙	唐至清	宁阳县华丰镇灵山顶	省级
333	29	370921029	禹王庙	明	宁阳县伏山镇堽城坝村北	省级
威海市有第一批颁布的历史优秀建筑7处						
总序号	自编号	编号	名称	时代	地址	文保等级
334	1	371001001	刘公岛甲午战争纪念地	1888~1895年	威海市刘公岛	国家
335	2	371002002	宽仁院旧址	1902年	威海市环翠区海滨北路南段西侧	省级

续表

总序号	自编号	编号	名称	时代	地址	文保等级
336	3	371002003	威海英国领事馆旧址（含华勇营）	1899~1905 年	威海市环翠区北山路	国家
337	4	371001004	康来饭店	1898-1935 年	威海市刘公岛	省级
338	5	371001005	英国军官避暑别墅	1898 年	威海市刘公岛	省级
339	6	371002006	小红楼	1913 年	威海市环翠区东山路 18 号	省级
340	7	371002007	工程师住宅	1898~1930 年	威海市环翠区东山路 6 号	省级

日照市有第一批颁布的历史优秀建筑 2 处

总序号	自编号	编号	名称	时代	地址	文保等级
341	1	371121001	刘勰故居	明、清重修	莒县浮来山	省级
342	2	371121002	丁公石祠	明（1608 年）	五莲县叩官乡丁家楼子村	省级

莱芜市有第一批颁布的历史优秀建筑 2 处，第二批颁布的历史优秀建筑 6 处

总序号	自编号	编号	名称	时代	地址	文保等级
343	1	371201001	汪洋台	1945 年	莱芜市莱城区茶叶口镇吉山村	省级
344	2	371201002	三清殿	乾隆三十二年	莱芜市羊里镇城子县村中心街	市级
345	3	371202003	魁星楼	清(1902 年)	莱芜市莱城区鹏泉街道办事处汶阳村南	否
346	4	371202004	陈梁坡玉皇庙	明(1593 年)	莱芜市莱城区张家洼办事处陈梁坡村东北的玉皇山顶	市级
347	5	371203005	棋山观抗日阵亡烈士纪念碑	1941 年	莱芜市钢城区里辛镇棋山观村	省级
348	6	371203006	澜头村吴家民居	清道光年间	莱芜市钢城区颜庄镇澜头村	否
349	7	371203007	九堂行宫	明万历三十年	莱芜市钢城区艾山宋家庄村	市级
350	8	371203008	范家桥	清光绪年间	莱芜市钢城区里辛镇高家洼村	否

临沂市有第一批颁布的历史优秀建筑 9 处

总序号	自编号	编号	名称	时代	地址	文保等级
351	1	371327001	八路军 115 师司令部旧址	建于清，1941~1945 年驻扎	临沂市莒南县大店镇七村中心街 128 号	国家
352	2	371302002	华东革命烈士陵园	1949 年	临沂市兰山区沂州路	省级
353	3	371326003	功曹阙、皇圣卿阙	东汉	临沂市平邑县（区）平邑街道莲花山公园内	国家
354	4	371323004	《大众日报》创刊地	1939 年	临沂市沂水县王庄乡云峪村	省级
355	5	371324005	鲁南烈士陵园	1944 年	临沂市兰陵县尚岩镇境内文峰山南侧	省级
356	6	371302006	临沂文庙	明、清	临沂市兰山区兰山路	省级
357	7	371302007	南关清真寺礼拜殿	明永乐年间始建	临沂市兰山区沂州路	市级
358	8	371302008	市人民医院文史楼	1921~1923 年	临沂市兰山区解放路	否
359	9	371302009	天主教堂	1903~1913 年	临沂市兰山区兰山路 95 号	省级

德州市有第一批颁布的历史优秀建筑 1 处

总序号	自编号	编号	名称	时代	地址	文保等级
360	1	371481001	文庙大成殿	明（1369 年）	乐陵市市中街道办事处东巷子村开元大街 1 号	省级

续表

聊城市有第一批颁布的历史优秀建筑6处						
总序号	自编号	编号	名称	时代	地址	文保等级
361	1	371502001	光岳楼	明（1374年）	聊城市东昌府区古城中央	国家
362	2	371502002	山陕会馆	清（1743年）	聊城市东昌府区双街55号	国家
363	3	371502003	隆兴寺铁塔	宋建、明(1466年)重立	聊城市东昌府区东关	国家
364	4	371581004	鳌头矶	明嘉靖(1522~1566年)	临清市吉市口街35号	国家
365	5	371581005	临清清真寺	明洪历十七年建(1504年)、明嘉靖四十三年（1564年）重修	临清市先锋街办桃源街	国家
366	6	371581006	临清舍利宝塔	明万历三十九年（1611年）	临清市先锋街办小王庄村	国家
滨州市有第一批颁布的历史优秀建筑2处						
总序号	自编号	编号	名称	时代	地址	文保等级
367	1	371621001	魏氏庄园	清（1890~1893年）	惠民县魏集镇魏府路42号	国家
368	2	371625002	凤阳石桥	明(1563年)创建，清(1838年)重修	博兴县曹王镇王海村	省级
菏泽市有第一批颁布的历史优秀建筑4处						
总序号	自编号	编号	名称	时代	地址	文保等级
369	1	371722001	百寿坊、百狮坊	清(1765年；1778年)	单县城内胜利北街和牌坊街	国家
370	2	371723002	刘氏石坊	清（1795年）	成武县白浮图镇徐官庄村	省级
371	3	371723003	申氏石坊	清	成武县张楼乡徐老家村	省级
372	4	371725004	唐塔	五代、唐	郓城县城区胜利街	省级

后记

  编撰《山东省历史优秀建筑精粹》，旨在保护和传承历史文化遗产，总结山东省历史优秀建筑登记建档和信息化管理工作的成果，促进山东经济文化强省的建设。

  为做好本书的编纂工作，山东省住房和城乡建设厅、山东省文物局统一安排部署，山东省城乡规划设计研究院承担本书的编撰工作。

  本书录入的建筑选自鲁建发 [2000]32 号文公布的山东省第一、二批省级历史优秀建筑。山东省城乡规划设计研究院在省住建厅规划处的领导下进行全省范围的踏勘调研，录入的历史优秀建筑名称为勘误修正后的名称，录入的建筑分为鲁东卷、鲁中鲁北卷、鲁西鲁南卷。本书的文字、照片以及图纸档案由山东省城乡规划设计研究院在整合各地规划、文物、城建档案管理等部门资料的基础上，组织材料的编写。为提高书稿质量，山东省城乡规划设计研究院多次在全省范围内对上报材料进行查缺补漏，对资料进行研究总结，并邀请专家对文稿进行审查，力求最大程度地展现历史优秀建筑的真实风貌。

  本书编写过程中得到各地规划和文物行政管理部门的大力支持，并且得到济南摄影家协会、青岛文史专家袁宾久、青岛市城建档案馆孔繁生、山东建筑大学姜波、中共青岛市委党史研究室刘旋的指导和帮助。在出版过程中，得到中国建筑工业出版社的大力支持，在此一并致谢。

  敬请各界朋友关注山东省历史优秀建筑网站，为山东历史优秀建筑的保护利用出谋划策。

  网址：http://www.sdlsyxjz.com

感谢为本书提供资料的单位：

济南市规划局　济南市规划设计研究院　济南市城建档案馆　青岛市规划局　青岛市规划设计研究院　青岛市城建档案馆　青岛市文物局　青岛市房管局　淄博市规划局　淄博市文物管理局　枣庄市规划局　枣庄市文物局　东营市历史博物馆　广饶市规划局　烟台市规划局　烟台市文物管理局　潍坊市规划局　潍坊市文化广电新闻出版局　安丘市规划局　诸城市规划局　济宁市规划局　济宁市文物局　曲阜市规划局　邹城市文物局　泗水县规划局　汶上县规划局　嘉祥县规划局　嘉祥县文物旅游局　金乡县规划局　金乡县文物旅游局　泰安市规划局　威海市规划局　威海市文物管理办公室　中国甲午战争博物院　日照市规划局　日照市文物局　莱芜市规划局　临沂市规划局　兰陵县规划局　沂水县住房和城乡建设局　平邑县城乡规划局　莒南县规划局　乐陵市文物管理办公室　聊城市规划局　聊城光岳楼管理处　临清市博物馆　滨州魏集镇城建办公室　单县县规划局　单县文物管理所　成武县文物管理所　郓城县文物管理所

鸣谢为本书提供资料的人员：

蔡晓涵　吴　颖　王晓辉　李　静　邹厚柱　马艳丽　田清清　张砚铭
王　凯　赵　金　宋　松　赵　娟　李熙胜　张立新　张作杰　李亮亮
曹甜甜　唐　浩　王海青　邓庆猛　李　明　杨　啸　韩　雪　郑兴平
李学莲　张　霞　苏　晓　王　伟　葛荣亮　李永庆　常　林　吴　晓
魏　聊　邢　斌　苏　健　宋成敏